特色高水平骨干专业建设系列教材

水利工程测量

主　编　常玉奎　苏宇航　于英武

中国水利水电出版社
www.waterpub.com.cn
·北京·

内 容 提 要

本书按照职业教育人才培养要求及教学特点，以工学结合、任务驱动、情境导入为教学理念，融入测量新技术编写而成。全书共分为6个学习情境，包括图根高程控制测量、图根平面控制测量、地形图测绘、地形图应用、测量误差分析与数据处理以及水工建筑物的施工放样。

本书可供水利水电工程施工、水利水电工程技术、给排水工程施工与运行等专业的职业院校教学使用，也可供从事上述专业工作的技术人员参考。

图书在版编目（ＣＩＰ）数据

水利工程测量 / 常玉奎，苏宇航，于英武主编. --
北京：中国水利水电出版社，2024.1
特色高水平骨干专业建设系列教材
ISBN 978-7-5226-1287-4

Ⅰ. ①水… Ⅱ. ①常… ②苏… ③于… Ⅲ. ①水利工
程测量－高等职业教育－教材 Ⅳ. ①TV221

中国国家版本馆CIP数据核字(2024)第028550号

书　　　名	特色高水平骨干专业建设系列教材 **水利工程测量** SHUILI GONGCHENG CELIANG
作　　　者	主编 常玉奎 苏宇航 于英武
出 版 发 行	中国水利水电出版社 （北京市海淀区玉渊潭南路 1 号 D 座　100038） 网址：www. waterpub. com. cn E - mail：sales@mwr. gov. cn 电话：(010) 68545888（营销中心）
经　　　售	北京科水图书销售有限公司 电话：(010) 68545874、63202643 全国各地新华书店和相关出版物销售网点
排　　　版	中国水利水电出版社微机排版中心
印　　　刷	清淞永业（天津）印刷有限公司
规　　　格	184mm×260mm　16 开本　11.25 印张　288 千字
版　　　次	2024 年 1 月第 1 版　2024 年 1 月第 1 次印刷
印　　　数	0001—4000 册
定　　　价	**43.00 元**

前 言
PREFACE

党的二十大报告提出，要加快构建高质量职业教育体系，为全面建设社会主义现代化国家培养更多高素质技术技能人才、能工巧匠、大国工匠。因此，本书编者在总结近年来课堂教学和企业实践经验的基础上，遵循职业院校教学特点，以工学结合、任务驱动、情境导入为教学理念，融入测量新技术，根据职业院校水利水电工程施工专业的培养目标和课程标准编著此书。

本书根据当前职业院校教育实际情况，考虑科技日新月异的发展和社会的需求的不断变化，在力求内容精练的基础上，突出基本技能的训练及实用性。

本书主要包括图根高程控制测量、图根平面控制测量、地形图测绘、地形图应用、测量误差分析与数据处理以及水工建筑物的施工放样。介绍水利工程测量中普遍采用的水准仪、经纬仪、钢尺等常规测绘技术。

本书由北京水利水电学校常玉奎、苏宇航、于英武担任主编。编写分工如下：常玉奎编写学习情境1、学习情境2；苏宇航编写学习情境3、学习情境4；于英武编写学习情境5、学习情境6。

由于时间紧，编者水平有限，书中难免存在缺点和不当之处，恳请使用本教材的师生和技术人员批评指正。

编者
2023 年 5 月

扫码获取本书数字资源

目 录
CONTENTS

前言

学习情境1 图根高程控制测量

项目载体

北京×××学校图根高程控制网

教学项目设计

(1) 任务分析。高程控制测量是地形图测绘工作所必需的一项测量工作。测区的地势大部分平坦，因此图根高程控制测量宜采用等外水准测量，只有个别高差比较大的地区，可采用高程测量的方法进行；等外水准测量路线可以根据实际情况采用闭合水准路线、附合水准路线；测区首级高程控制测量应采用三等、四等水准测量的方法由测区外已知高程控制点引测。

(2) 任务分解。测区内高程控制测量的任务包括高级点引测和图根高程控制测量两部分。由于各个测区内均没有已知的高级控制点，所以需要以三等、四等水准测量的方法由测区外的已知高级控制点引测到测区。该项测量工作的任务可以分解为三等、四等水准测量，等外水准测量，三角高程测量等。

(3) 各环节功能。三等、四等水准测量是在测区内建立已知高程点的重要手段；等外水准测量是建立测区内全面图根高程控制网的主要途径；三角高程测量是建立测区内全面高程控制的补充措施，尤其是对于高差大的地区，这种方法更加明显。

(4) 作业方案。根据在测区建立的已知高程点进行图根高程控制测量，对于地势比较平坦的地区应采用等外水准测量进行，当个别地区高差较大，进行水准测量有困难时，可以采用三角高程测量进行。图根高程控制网最多发展两级。

(5) 教学组织。本学习情景的教学分为8个相对独立又紧密联系的子学习情境。教学过程中以作业组为单位，每组一个测区，在测区内分别完成等外水准测量，三等、四等水准测量，三角高程测量，图根高程控制测量内业计算任务。作业过程中教师全程参与指导，要求尽量在规定时间内完成外业作业任务，个别作业组在规定时间内没有完成的，可以利用业余时间继续完成任务。在整个作业过程中教师除进行教学指导外，还要实时进行考评并做好记录，作为成绩评定的重要依据。

子学习情境1-1 水准仪的操作与使用

一、水准测量概述

水准测量是测定地面点高程时最常用的、最基本的、精度最高的一种方法，在国家高程控制测量、工程勘测和施工测量中广泛应用。它是通过在地面两点之间安置水准仪，利用水准仪提供的一条水平视线，对竖立在地面上两点的水准尺进行读数，求得地面上两点之间的高差，然后根据已知点的高程，推算出另一个未知点的高程。这种测量方法适用于平坦地区或地面起伏不太大的地区。

水准测量通常可分为以下几种。

1. 国家水准测量

国家水准测量的目的是建立全国性的、统一的高程控制网，它是全国各种比例尺测图的基本控制，为确定地球的形状和大小提供研究资料，并满足国家经济建设和国防建设的需要。国家水准测量按控制次序和施测精度由高到低分为一等、二等、三等、四等。高精度的一等、二等水准测量可以作为三等、四等水准测量及其他高程测量的控制和依据，并为研究大地水准面的形状、平均海水面变化和地壳升降等提供精确的高程数据。三等、四等水准测量可为工程建设和地形测图提供高程控制数据，它是一等、二等水准测量的进一步加密。

2. 图根水准测量

图根水准测量是在地形测量时，为直接满足地形测图的需要，提供计算地形点高程的数据而进行的水准测量，有时候也作为测区的基本高程控制。由于其精度低于四等水准，所以也叫等外水准测量。

3. 工程水准测量

工程水准测量是为满足各种工程勘察、设计与施工需要而进行的水准测量。其精度依据工程要求而定，有的高于四等，有的低于四等。

本学习情境中，着重介绍水准测量的原理、仪器和工具，以及普通水准测量的施测方法。另外，图根水准测量和三角高程测量等内容也是要重点学习的基本技能。

二、水准测量的原理

水准测量是测定地面点高程的最精确的一种方法，其基本测法是：若 A 点高程已知，欲测定待定点 B 的高程，首先测出 A、B 两点之间的高差 h_{AB}（图 1-1-1）；则 B 点的高程 H_B 为

$$H_B = H_A + h_{AB} \tag{1-1-1}$$

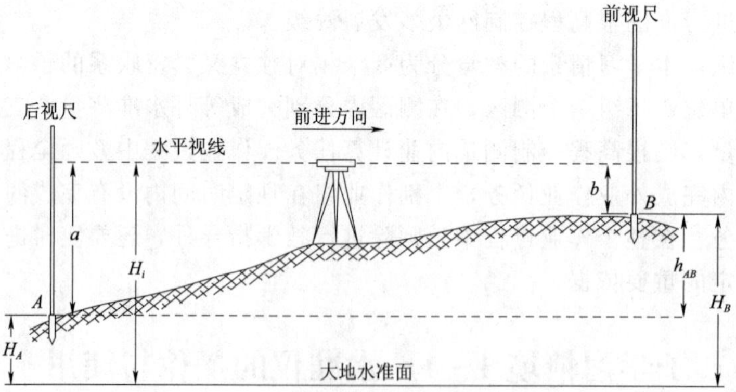

图 1-1-1　水准测量原理

1. 高差法

为测出 A、B 两点之间的高差，可在 A、B 两点上分别竖立有刻划线的尺子——水准尺；并在 A、B 两点之间安置一架能提供水平视线的仪器——水准仪。根据仪器的水平视线，将 A 点尺上读数设为 a；将 B 点尺上读数设为 b，则 A、B 两点之间的高差为

$$h_{AB}=a-b \qquad (1-1-2)$$

如果水准测量是由 A 到 B 进行的（图 1-1-1），由于 A 点为已知高程点，故 A 点尺上读数 a 称为后视读数；B 点为欲求高程的点，则 B 点尺上读数 b 称为前视读数。高差等于后视读数减去前视读数。

h_{AB} 详解：

（1）$h_{AB}>0$，高差为正，前视点高。

（2）$h_{AB}=0$，高差为零，前、后视点等高。

（3）$h_{AB}<0$，高差为负，前视点低。

（4）两点间的高差等于后视读数减前视读数，高差必须带"+、-"号。

（5）h_{AB} 的下标次序必须与测量的前进方向一致。

式（1-1-1）和式（1-1-2）是直接利用高差 h_{AB} 计算 B 点高程的，称为高差法。高差法适用于测定一个前视点的高程。

【例题 1-1-1】 图 1-1-1 中，已知 A 点高程 $H_A=452.624$m，后视读数 $a=1.571$m，前视读数 $b=0.685$m，求 B 点高程。

【解】 A、B 两点之间的高差：

$$h_{AB}=1.571-0.685=0.886(\text{m})$$

B 点高程： $\qquad H_B=452.624+0.886=453.510(\text{m})$

【例题 1-1-2】 图 1-1-2 中，已知 A 点桩顶标高为 ±0.00，后视 A 点读数 $a=1.216$m，前视 B 点读数 $b=2.425$m，求 B 点标高。

【解】 A、B 两点之间的高差： $h_{AB}=a-b=1.216-2.425=-1.209(\text{m})$

B 点高程： $\qquad H_B=H_A+h_{AB}=0+(-1.209)=-1.209(\text{m})$

2. 视线高法

在实际工作中，有时要求安置一次仪器测出若干个前视点的高程，以提高工作效率，此时可采用视线高法，即通过水准仪的视线高 H_i 计算待定点 B 的高程 H_B。

$$\left.\begin{aligned} H_i&=H_A+a \\ H_B&=H_i-b \end{aligned}\right\} \qquad (1-1-3)$$

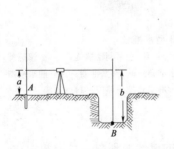

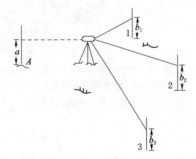

图 1-1-2　例题 1-1-2 图　　　图 1-1-3　例题 1-1-3 图

【例题 1-1-3】 图 1-1-3 中已知 A 点高程 $H_A=423.518$m，要测出相邻 1、2、3 点的高程。先测得 A 点后视读数 $a=1.563$m，接着在各待定点上立尺，分别测得读数 $b_1=0.953$m，$b_2=1.152$m，$b_3=1.328$m。

【解】 先计算出视线高程：

$$H_i = H_A + a = 423.518 + 1.563 = 425.081(\mathrm{m})$$

各待定点高程：

$$H_1 = H_i - b_1 = 425.081 - 0.953 = 424.128\ (\mathrm{m})$$
$$H_2 = H_i - b_2 = 425.081 - 1.152 = 423.929\ (\mathrm{m})$$
$$H_3 = H_i - b_3 = 425.081 - 1.328 = 423.753\ (\mathrm{m})$$

高差法和视线高法的测量原理是相同的，区别在于计算高程时公式形式的不同。在安置一次仪器需求出几个点的高程时，视线高法比高差法方便，因而视线高法在建筑施工中被广泛采用。

三、水准测量的仪器

水准测量所使用的仪器是水准仪，辅助工具有水准尺和尺垫等。

(一) 水准仪

水准仪按其精度可分为 DS05、DS1、DS3 等不同型号。例如 DS3 型水准仪：其中“D”和“S”分别是“大地测量”和“水准仪”汉语拼音的第一个字母；数字代表每公里往返测高差中数的偶然中误差±3mm。在地形测量中最常用的是 DS3 型水准仪。

水准仪的种类很多，尽管它们在外形上有所不同，但基本结构都是由望远镜、水准器和基座三部分组成的。

图 1-1-4 是上海光学仪器厂生产的 DS3 型水准仪。整个仪器通过基座，安装在三脚架上。基座上装有 1 个圆水准器，基座下部的 3 个脚螺旋，用于粗略整平仪器。望远镜由物镜、目镜和十字丝分划板组成。望远镜旁装有 1 个管水准器，转动微动螺旋，管水准器随望远镜上下仰俯。当气泡居中时，望远镜视线便处于水平状态。用制动螺旋和微动螺旋来控制仪器在水平方向的转动。当制动螺旋拧紧后，转动微动螺旋可使仪器在水平方向上作微小转动。

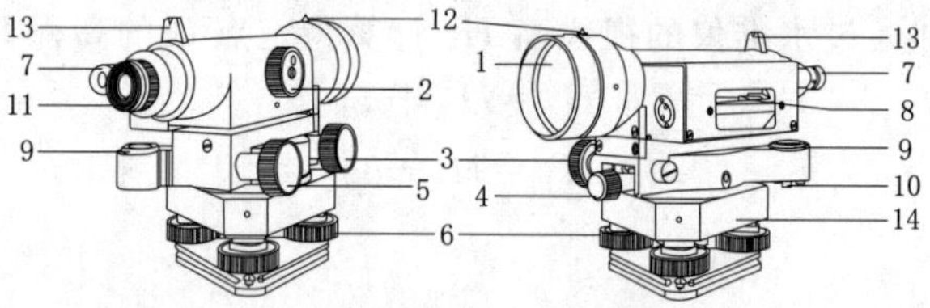

图 1-1-4 DS3 型水准仪

1—物镜；2—物镜调焦螺旋；3—水平微动螺旋；4—水平制动螺旋；5—微倾螺旋；6—脚螺旋；7—管水准器泡观察窗；8—管水准器；9—圆水准器；10—圆水准器校正螺丝；11—目镜调焦螺旋；12—准星；13—照门；14—基座

1. 望远镜

(1) 望远镜成像原理。图 1-1-5 为望远镜的成像原理图，目镜和物镜位于同一条光轴上。由几何光学原理可知，从物体 A 发出的平行于光轴的光线，过物镜后折向其后焦点 F；另一条光线，自 A 点发出，过物镜光心不发生折射。这两条光线交于 a_1 点。同理，自 B 点的光线，交于 b_1 点，则物体 AB 经物镜后成像为 a_1b_1，是倒立而缩小的实像。目镜是起放大作用的，当 a_1b_1 处于目镜焦点以内时，经目镜再成像，得到一个 a_1b_1 放大了的虚像 a_2b_2。

从望远镜内看到物体虚像的视角 β 与眼睛看到的视角 α 之比，称为望远镜的放大率，一

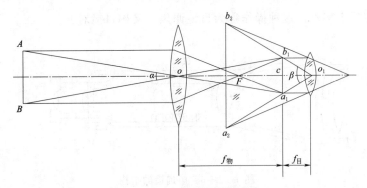

图 1-1-5　望远镜成像原理

般用 v 表示，即

$$v = \frac{\beta}{\alpha} \qquad (1-1-4)$$

因一般物体离观测者较远，望远镜镜筒长与该距离相比就显得很短，故可认为眼睛在目镜处直接看到物体的视角 α 与在望远镜物镜处看到的视角近似相等。

当物体离望远镜较远时，物体经物镜所成的实像 a_1b_1 至物镜的距离 oc，可认为近似地等于物镜的焦距 $f_物$，a_1b_1 至目镜的距离 o_1c 近似地等于目镜焦距 $f_目$。由 $\triangle ob_1c$ 和 $\triangle o_1b_1c$ 相似，得

$$b_1c = f_物 \cdot \tan\frac{\alpha}{2} = f_目 \cdot \tan\frac{\beta}{2}$$

即

$$\frac{\tan\frac{\alpha}{2}}{\tan\frac{\beta}{2}} = \frac{f_目}{f_物} \qquad (1-1-5)$$

因为视角一般都很小，它们的正切函数可以用弧度来表示，故式（1-1-5）可写成

$$\frac{\beta}{\alpha} = \frac{f_物}{f_目}$$

望远镜的放大率为

$$v = \frac{f_物}{f_目} \qquad (1-1-6)$$

望远镜的放大率是衡量望远镜的主要指标。由式（1-1-6）可看出，为了得到较大的望远镜的放大率，应尽量选用长焦距物镜和短焦距目镜。在地形测量工作中，使用望远镜的放大倍率一般为 18～30 倍。

（2）望远镜的基本结构。望远镜是用来瞄准远方目标的。望远镜分外对光望远镜和内对光望远镜。现代测量仪器都采用内对光望远镜，因此这里仅介绍内对光望远镜的基本结构。

望远镜主要由物镜筒、十字丝分划板和目镜组成。

图 1-1-6 中，物镜和十字丝分划板固定在望远镜镜筒上，调焦透镜固定在望远镜内部一个调焦透镜镜筒上，用齿轮与外部的调焦螺旋相连。目镜装在可以旋转的螺旋套筒上，转动目镜筒，可使目镜沿主光轴移动，便于调节目镜与十字丝分划板之间的距离，使视力不同

5

的人眼都能看清楚十字丝，这种操作称为目镜调焦，又称目镜对光。

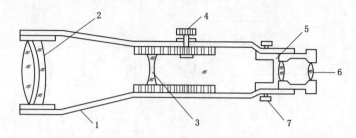

图1-1-6 望远镜的结构

1—物镜筒；2—物镜；3—调焦透镜；4—调焦螺旋；5—十字丝分划板；6—目镜；7—十字丝校正螺钉

　　十字丝分划板安装在物镜与目镜之间，板上有呈"十"字交叉的刻线，以其作为瞄准和读数的依据。图1-1-7所示为一般测量仪器上的几种十字丝图形，都是在玻璃板上刻有两根垂直相交的十字细线。其中间水平的一根称为横丝，竖直的一根（或双丝的对称中线）称为纵丝或竖丝；横丝上下还有两根对称的水平丝，称为视距丝，又称为上丝、下丝，用它可测量距离。

图1-1-7 望远镜的十字丝

　　十字丝交点与物镜光心的连线称为望远镜的视准轴，望远镜照准目标就是指视准轴对准目标；望远镜提供的水平视线，就是指视准轴呈水平状态。

　　图1-1-8为内调焦（即内对光）望远镜成像原理图。按照望远镜成像原理，当照准远近不同的目标时，物镜的成像距离也各不同。为便于在望远镜中准确照准目标或读数，要求物体的实像a_1b_1始终能落在十字丝分划板的平面上。为此，在物镜与目镜之间置一凹透镜，即调焦透镜。利用调焦螺旋控制调焦透镜前后移动，在照准不同距离的目标时，使目标影像始终落在十字丝分划板上。

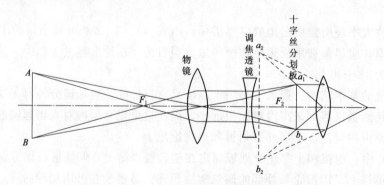

图1-1-8 内调焦（即内对光）望远镜成像原理

2. 水准器

水准器是水准仪的重要部件，借助于它才能使视准轴处于水平状态。水准器又分管水准器（又称水准管）和圆水准器两种。装在基座上的圆水准器，作粗略整平仪器用；与望远镜连在一起的水准管，供精确整平仪器用。

（1）水准管。水准管是用管状玻璃制成的，如图 1-1-9 所示。管内壁为曲率半径很大的圆弧面，精密水准管的曲率半径为80～100m，一般精度的水准管曲率半径为7～20m，管内装酒精或乙醚，经加热熔封而成。待冷却后管内便形成一个气泡，气泡恒处于管内最高处。为了便于安装保护，整个玻璃管装在一个绝热并有玻璃窗口的金属管内。

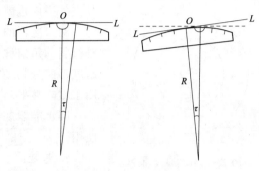

图 1-1-9　水准管及其零点

水准管圆弧的中点（即管上刻划的中点）称为水准管的零点（图 1-1-9 中 O 点），过零点的切线 LL 称为水准管轴。气泡居于被零点平分的位置，叫作气泡居中。管壁上刻有以零点对称的刻划，每格 2mm。气泡偏离中央，即表示水准管轴发生倾斜。气泡每移动一格，水准管轴倾斜一个角度，称水准管分划值，亦即 2mm 弧长所对的圆心角 τ，其值为

$$\tau = \frac{2}{R}\rho \tag{1-1-7}$$

式中：2 为水准管每格弧长 2mm；R 为水准管内壁的曲率半径，mm；ρ 为 1 弧度所对应的以 s 为单位的角值，$\rho = 206265''$。

水准管分化值越小，水准管灵敏度越高。一般水准仪上水准管分化值为 $1'' \sim 20''$。上海光学仪器厂生产的 DS3 型水准仪 τ 值为 $20''$。

（2）符合水准器。为了提高目估气泡居中的精度，在水准管上方安装一组符合棱镜（图 1-1-10），通过棱镜系统的连续折光作用，将水准管气泡两端各一半的影像传递到望远镜目镜旁的显微镜内，观测者在观测时无需移动位置，就能看到水准管气泡两端符合的影像，其影像如图 1-1-11 所示。两个半气泡影像符合一致时 [图 1-1-11（a）]，表示气泡居中；两个半气泡影像上下错开 [图 1-1-11（b）]，表示水准管气泡不居中。此时可调节微倾螺旋，使两个半气泡影像符合图 1-1-11（a）所示形状。

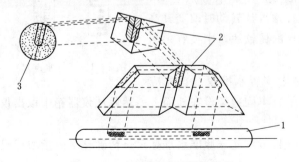

图 1-1-10　符合水准器棱镜组

1—水准管；2—符合棱镜；3—气泡影像

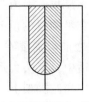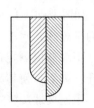

（a）气泡影像符合一致　　（b）气泡影像上下错开

图 1-1-11　符合气泡影像

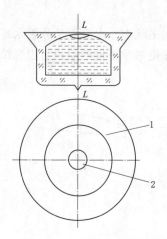

图 1 - 1 - 12　圆水准器
1—分划圈；2—水准气泡

（3）圆水准器。图 1 - 1 - 12 所示为圆水准器。圆水准器玻璃内壁是一个球面，球面中心是一个小圆圈，小圆圈的中点叫水准器零点。通过球面上零点的法线 LL 称为圆水准轴。当圆水准气泡中心和零点重合时，则圆水准轴处于竖直位置，切于零点的平面也就水平了。

圆水准器的小圆圈中心向任意方向偏移 2mm 时，圆水准轴倾斜的角值称为圆水准器分划值。相对于水准管轴来说，圆水准器的分划值较大，一般为 $8' \sim 10'$，因灵敏度较低，故只用于粗略整平。

圆水准器底部有 3 个校正螺丝，供校正圆水准轴位置时使用。

3. 基座

基座的作用是支撑仪器的上部并与三脚架连接。基座主要由轴座、脚螺旋和连接板构成。三脚架的作用是支撑整个仪器，便于观测。

（二）水准尺

水准尺又称标尺，它是用经干燥处理的优质木材制成的，也有用玻璃钢或铝合金等其他材料制成的。长度有 2m、3m、4m 及 5m 数种。尺面采用区格式分划，最小分划一般为 0.5cm 或 1cm。水准尺上装有小的圆水准器。常用的水准尺有直尺和塔尺两种，如图 1 - 1 - 13 所示。直尺一般为 2m 和 3m，中间无接头，长度准确。塔尺可以伸缩，整长为 5m，携带方便，但接头处误差较大，影响精度。直尺型的水准尺，除有单面刻划的，还有双面的。

双面水准尺用于检查读数和提高精度，尺面分划一面为黑白相间，叫黑面；另一面为红白相间，叫红面。双面水准尺必须成对使用。两根水准尺黑面底部注记均是从零开始，而红面底部的注记起始数分别为 4687mm 和 4787mm。每一根水准尺在任何位置其红、黑面读数均相差同一常数，即尺常数。

（三）尺垫

尺垫亦称尺台。尺垫的作用是使水准尺立在非水准点上时，有一个稳固的立尺点，以防止水准尺下沉或水准尺转动时改变其高程。如图 1 - 1 - 14 所示，尺垫一般为三角形的铸铁块，中央有一凸起的半圆球，水准尺立在半圆球的顶上。

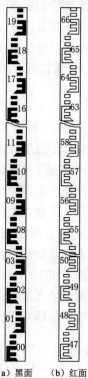

（a）黑面　（b）红面
图 1 - 1 - 13　水准尺

用水准仪测定高差之前，需要在测站上安置水准仪。首先应打开三脚架，使其高度适中，架头大致水平，牢固地架设在地面上。然后从仪器箱中取出仪器，用连接螺旋将它固定在三脚架上。

水准仪的基本操作程序是：粗略整平→目镜对光→照准水准标尺→精确整平→读取标尺上的读数。

四、粗略整平

由于微倾螺旋活动范围有限，故用微倾螺旋精确整平望远镜视准轴时，应先用圆水准器粗略整平仪器。

粗略整平的方法，如图 1－1－15 所示。当气泡中心偏离圆点［图 1－1－15（a）］位于 a 处时，旋转 1、2 两个脚螺旋，使气泡移至 b 处［图 1－1－15（b）］。转动脚螺旋时，左、右两手应以相反的方向匀速旋转，并注意气泡移动方向总是与左手大拇指移动方向一致。接着再转动另一个脚螺旋 3，使气泡居中。

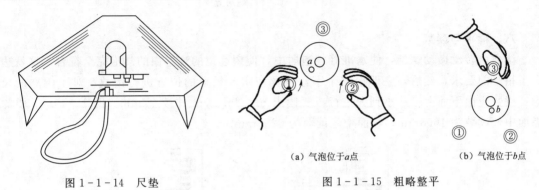

（a）气泡位于 a 点　　　　　　（b）气泡位于 b 点

图 1－1－14　尺垫　　　　　　　　图 1－1－15　粗略整平

五、照准标尺

1．目镜对光

照准前，根据观测者的视力，先将望远镜对向白色背景，旋转目镜对光螺旋，进行目镜对光，使十字丝清晰。

2．初瞄水准尺

松开制动螺旋，水平旋转望远镜，利用望远镜后部上方的照门（缺口）和望远镜物镜端上方的准星，瞄准水准尺。当在望远镜视场内见到水准尺后，拧紧制动螺旋。

3．物镜对光

先用望远镜上面的瞄准器瞄准目标（水准标尺），固定制动螺旋；再从望远镜中观察，若目标不清晰，则转动望远镜上的物镜对光（调焦）螺旋，使目标影像落在十字丝板平面上，这时目镜中可同时清晰稳定地看到十字丝和目标。最后转动水平微动螺旋使十字丝竖丝照准目标。

4．对光与瞄准

转动对光螺旋，使尺子的影像十分清晰并消除视差，用微动螺旋转动水准仪，使十字丝竖丝照准尺面中央。对光是否合乎要求，关键在于消除视差。如图 1－1－16 所示，观测者可用十字丝交点 Q 对准目标上一点 P，眼睛在目镜上下或左右移动，若十字丝交点 Q 始终对准目标 P 时，则合乎要求。否则，当眼睛从 O_1 移到 O 和 O_2 时，十字丝交点 Q 分别对准 P_1、P、P_2 点，即十字丝交点与目标点发生相对移动，则不合要求，这种现象称为视差。由此可见，视差产生的原因，是由于目标在物镜的像平面与十字丝平面不重合。视差使瞄准目标读数时产生误差，因而对光就不符合要求。消除视差的方法是重新仔细调节目镜和用望远镜对光螺旋对光，直至眼睛上下或左右移动观测时目标像与十字丝不发生相对移动为止。

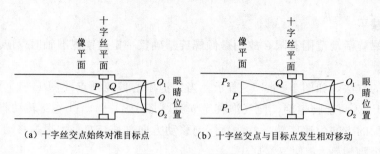

（a）十字丝交点始终对准目标点　　　　（b）十字丝交点与目标点发生相对移动

图 1-1-16　目镜对光

六、精平与读数

读数前转动微动螺旋，使水准管气泡居中，使望远镜的观察窗的气泡完全符合，这就达到了精平的要求，然后，立即根据十字丝横丝在水准尺上的位置进行读数。对于倒立的尺像，读数应由下而上，从小到大进行，要读出 m、dm、cm 并读至 mm。图 1-1-17 中的黑面中丝读数为 1608mm，红面中丝读数为 6295mm。

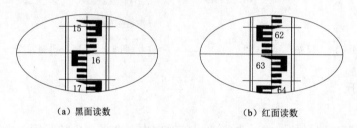

（a）黑面读数　　　　　　　　（b）红面读数

图 1-1-17　水准尺读数

精平与读数虽是两项不同的操作步骤，但是这两项操作却是不可分割的整体，即精平后才能读数，读数后要检查精平。这样，才可以保证所读的标尺读数为视准轴水平时的读数。

七、自动安平水准仪

在用微倾式水准仪进行水准测量时，每次读数都要用微倾螺旋将水准管气泡调至居中位置，这样观测不仅十分麻烦、影响观测速度，而且由于延长了测站观测时间，将增加外界因素的影响，使观测成果的质量降低。为此，在 20 世纪 50 年代研制出了一种自动安平水准仪。经过不断的发展和完善，自动安平水准仪已得到了广泛的应用并成为水准仪的发展方向。

1. 自动安平水准仪的原理

如图 1-1-18（a）所示，当望远镜视准轴倾斜了一个小角 α 时，由水准尺上的 a_0 点过物镜光心 O 所形成的水平光线，不再通过十字丝中心 Z，而在离 Z 为 L 的 A 点处，显然

$$L = f\alpha \qquad (1-1-8)$$

式中：f 为物镜的等效焦距；α 为视准轴倾斜的小角度。

在图 1-1-18（a）中，若在距十字丝分划板 S 处，安装一个补偿器 K，使水平光线偏转 β 角，并恰好通过十字丝中心 Z，则

$$L = S\beta \qquad (1-1-9)$$

$$f\alpha = S\beta \tag{1-1-10}$$

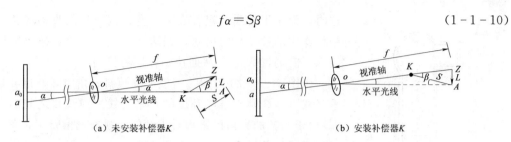

（a）未安装补偿器 K　　　　　（b）安装补偿器 K

图 1-1-18　视线自动安平原理示意图

由此可知，式（1-1-10）的条件若能满足，即使视准轴有微小倾斜，十字丝中心 Z 仍能读出视线水平时的读数 a_0，从而达到自动补偿的目的。

还有另一种补偿器如图 1-1-18（b），它是借助补偿器 K 将 Z 移至 A 处，这时视准轴所截取尺上的读数仍为 a_0。这种补偿器是将十字丝分划板悬吊起来，借助重力，在仪器有一微小倾斜的情况下，十字丝分划板仍回到原来的位置，安平的条件仍为式（1-1-10）。

2. 自动安平补偿器

自动安平补偿器的种类很多，但一般都是采用吊挂补偿装置，借助重力进行自动补偿，达到视线自动安平的目的。

图 1-1-19 是 DSZ3 自动安平水准仪的内部光路结构示意图。它是在对光透镜和十字丝分划板之间安设补偿器，该补偿器是把屋脊棱镜固定在望远镜筒内，在屋脊棱镜的下方，用交叉的金属片吊挂着两个直角棱镜，它在重量为 g 的物体作用下，与望远镜作相对的偏转，为使吊挂的棱镜尽快停止摆动处于静止状态，还设有空气阻尼器。

如图 1-1-20 所示，当该仪器处于水平状态，视准轴水平时，尺上的读数 a_0 随着水平光线进入望远镜后，通过补偿器到达十字丝的中心 Z。从而读得视线水平时的读数 a_0。

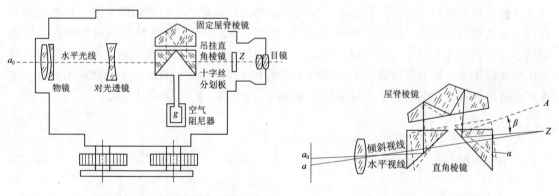

图 1-1-19　DSZ3 自动安平水准仪内部光路结构　　　图 1-1-20　直角棱镜组

当望远镜倾斜微小的 α 角时，如果两个直角棱镜随着望远镜一起倾斜了一个 α 角（图中用虚线表示），则原来的水平光线经两个直角棱镜（虚线表示）反射后，并不经过十字丝中心 Z，而是通过 A 点，所以无法读得视线水平时的读数 a_0。此时，十字丝中心 Z 通过虚线棱镜的反射，在尺上的读数为 a，它并不是视线水平时的读数。

实际上，吊挂的两个直角棱镜在重力作用下并不随望远镜倾斜，而是相对于望远镜的倾斜方向作反向偏转，如图 1-1-20 中的实线直角棱镜，它相对于虚线直角棱镜偏转了 α 角。

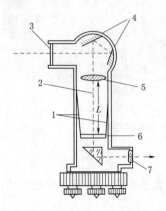

图 1-1-21 移动十字丝的
"补偿"装置

1—吊丝；2—视准轴；3—进光窗；
4—反光镜；5—物镜；6—十字丝
分划板；7—目镜

这时，原水平光线（粗线表示）通过偏转后的直角棱镜（即起补偿作用的棱镜）的反射，到达十字丝中心 Z，故仍能读得视线水平时的读数 a_0，从而达到补偿的目的。

由图 1-1-20 可知，当望远镜倾斜 α 角时，通过补偿的水平光线（粗线）与未经补偿的水平光线（虚线）之间的夹角为 β。由于吊挂的直角棱镜相对于倾斜的视准轴偏转了 α 角，反射后的光线便偏转 2α，通过两个直角棱镜的反射，$\beta=4\alpha$。

图 1-1-21 是移动十字丝的"补偿"装置。其望远镜视准轴呈竖直状态，十字丝分划板用 4 根吊丝挂着，当望远镜倾斜时，十字丝分划板将受重力作用而摆动。令 L 为 4 根吊丝的有效摆动半径长度，设计时使之与物镜焦距 $f_物$ 相等。如恰当地选择吊丝的悬挂位置，将能使通过十字丝交点的铅垂线始终通过物镜的光心，即视准轴始终是铅垂位置。如使两个反光镜构成 45°角，则视准轴经两次反射后射出望远镜的光线必是水平光线。因此十字丝交点上始终得到水平光线的读数。

子学习情境1-2 普通水准测量

水准测量通常是从一已知高程点出发，沿着预先选好的水准路线，逐站测定各点之间的高差，而后推算各待定点的高程。

一、水准点和水准路线

水准测量通常是从水准点开始，引测其他点的高程。等级水准点是国家测绘部门为了统一全国的高程系统和满足各种需要，在全国各地埋设且测定了其高程的固定点。这些已知高程的固定点称为水准点（Bench Mark），简记为 BM。水准点有永久性和临时性两种。国家等级水准点的形式如图 1-2-1（a）所示，一般用整块的坚硬石料或混凝土制成，深埋到地面冻结线以下，在标石顶面设有用不锈钢或其他不易锈蚀的材料制成的半球状标志。有些水准点也可设置在稳定的墙脚上，称为墙上水准点，如图 1-2-1（b）所示。

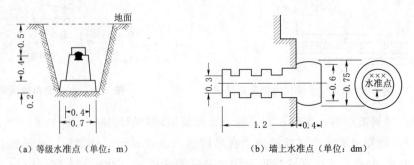

（a）等级水准点（单位：m）　　　　　（b）墙上水准点（单位：dm）

图 1-2-1 国家等级水准点形式

建筑工地上的永久性水准点一般用混凝土或钢筋混凝土制成，其式样如图 1-2-2（a）所示；临时性的水准点可利用地面上突出的坚硬岩石或用大木桩打入地下，桩顶钉入半球形

12

铁钉，如图1-2-2（b）所示。

无论是永久性水准点，还是临时性水准点，均应埋设在便于引测和寻找的地方。埋设水准点后，应绘出水准点附近的草图，在图上还要写明水准点的编号和高程，称为点之记，以便于日后寻找和使用。

水准测量所经过的路线称为水准路线。水准路线应尽量选择坡度小、设站少、土质坚硬且容易通过的线路。水准路线的种类及其布设方法将在后续内容中学习。

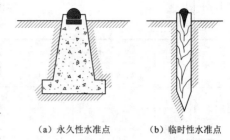

（a）永久性水准点　　（b）临时性水准点

图1-2-2　永久性水准点和
临时性水准点标志

二、普通水准测量的实施

当欲测高程点距已知水准点较远或高差很大时，则需要连续多次安置仪器测出两点的高差。如图1-2-3所示，水准点A的高程为7.654m，现拟测量B点的高程，其观测步骤如下：

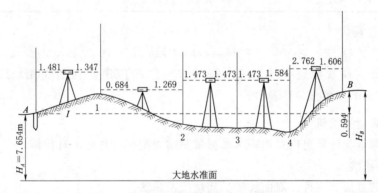

图1-2-3　水准线路测量

在离A点约100～200m处选定点1，在A、1两点上分别竖立水准尺；在距点A和点1大致等距的I处安置水准仪；用圆水准器将仪器粗略整平后，后视A点上的水准尺，精平后读数得1.481，记入表1-2-1中观测点A的后视读数栏内；旋转望远镜，前视点1上的水准尺，同法读数为1.347，记入表1-2-1中点1的前视读数栏内；后视读数减前视读数得高差为0.134，记入高差栏内。

完成上述一个测站上的工作后，点1上的水准尺不动，把A点上的水准尺移到点2，仪器安置在点1和点2之间，按照上述方法观测和计算，逐站施测直至B点。

显然，每安置一次仪器，便测得一个高差，即

$$h_1 = a_1 - b_1$$
$$h_2 = a_2 - b_2$$
$$\vdots$$
$$h_5 = a_5 - b_5$$

将各式相加，得

$$\sum h = \sum a - \sum b$$

表 1-2-1　　　　　　　　水 准 测 量 手 簿

日期＿＿＿＿　　仪器＿＿＿＿　　观测＿＿＿＿
天气＿＿＿＿　　地点＿＿＿＿　　记录＿＿＿＿

测站	测点	水准尺读数/m 后视(a)	前视(b)	高差/m +	−	高程/m	备注
I	A	1.481		0.134		7.654	
II	1	0.684	1.347		0.585		
III	2	1.473	1.269	0			
IV	3	1.473	1.473		0.111		
V	4	2.762	1.584	1.156			
	B		1.606			8.248	
计算检核	Σ=7.873	Σ=7.279	1.290	0.696			
	Σa−Σb=+0.594		Σh=1.290−0.696=+0.594				

则 B 点的高程为

$$H_B = H_A + \sum h \qquad (1-2-1)$$

由上述可知，在观测过程中点 1、2、…、4 仅起传递高程的作用，这些点称为转点（Turning Point），常用 TP 表示。

三、水准测量的检核

为了避免测量和计算出现差错，水准测量测站观测和计算必须有检核。

（一）测站检核

测站检核的方法有两种：双面尺法、变动仪器高法。

1. 双面尺法

在每一测站上，仪器高度不变，分别测出两点黑面尺高差 $h_黑$ 和红面尺高差 $h_红$。要求 $|h_黑 - h_红| \leq$ 容许值，取其平均值作为最后结果。具体方法将在后续章节中学习。

2. 变动仪器高法

变动仪器高法是在同一测站上用不同的仪器高测出两次高差进行比较来检核。即测得第一次高差后，将仪器升高或降低 10cm 以上，再测一次高差，若两次测得的高差相差不超过 5mm，则认为观测值符合要求，取其平均值作为观测结果，若大于 5mm 就需要重测。

（二）计算检核

两点之间的高差等于各个转点之间的高差的代数和，也等于后视读数之和减去前视读数之和，如果两种计算结果一致，说明计算无误。例如，表 1-2-2 中 28.182−27.354＝0.828(m)，则证明高差计算是正确的。

当确认测站的记录计算正确无误后，就可以根据给定的已知点高程计算其他未知点的高程了，如表 1-2-2 中已知 A 点的高程 $H_A=27.354m$，则可以根据式（1-2-1）依次推算出 1、2、3、4、B 各点的高程。

表 1-2-2　　　　　　　　　　　**水 准 测 量 手 簿**

日期：2021-04-10　　　　　　　仪器：No.3246　　　　　　　观测：王立华

天气：晴　　　　　　　　　　　地点：西山　　　　　　　　　记录：冯建辉

点号	后视读数/m	前视读数/m	高　差/m		高程/m	备注
			+	-		
A	1.467				27.354	高程已知
			0.343			
1	1.385	1.124			27.697	
				0.289		
2	1.869	1.674			27.408	
			0.926			
3	1.425	0.943			28.334	
			0.213			
4	1.367	1.212			28.547	
				0.365		
B		1.732			28.182	
计算检核	Σ=7.513	Σ=6.685	Σ=1.482	Σ=0.654	$H_B-H_A=$ 28.182-27.354 =0.828	
	$\Sigma a-\Sigma b$=0.828		Σh=0.828			

子学习情境 1-3　水准仪的检验与校正

水准仪在使用之前，应先进行检验和校正。水准仪检校的目的是保证水准仪各轴系之间满足应有的几何关系，保证外业测量所使用的仪器是合格的，这是保证获取合格外业观测成果的重要依据之一。

下面分别介绍微倾式水准仪和自动安平水准仪的检验与校正方法。

一、微倾式水准仪的检验与校正

（一）微倾式水准仪应满足的几何条件

1. 圆水准器轴 $L'L'$ 应平行于仪器竖轴 VV

满足此条件的目的是当圆水准器气泡居中时，仪器竖轴即处于竖直位置。这样，仪器转动到任何方向，水准管气泡都不至于偏差太大，调节水准管气泡居中就很方便。

2. 十字丝的横丝应垂直于仪器竖轴

当此条件满足时，可不必用十字丝的交点而用交点附近的横丝进行读数，可提高观测速度。

3. 水准管轴 LL 应平行于视准轴 CC

根据水准测量原理，要求水准仪能够提供一条水平视线。而仪器视线是否水平是依据望远镜的管水准器来判断的，即水准管气泡居中，则认为水准仪的视准轴水平。因此，应使水准管轴平行于视准轴。此条件是水准仪应满足的主要条件。

（二）微倾式水准仪的检验与校正

1. 圆水准器轴平行于仪器竖轴的检验与校正

（1）检验。如图 1-3-1（a）所示，用脚螺旋使圆水准器气泡居中，此时圆水准器轴 $L'L'$ 处于竖直位置。假设竖轴 VV 与 $L'L'$ 不平行，且交角为 α，则此时竖轴 VV 与处于铅垂位置的圆水准器轴之间的偏差为 α 角。将望远镜绕竖轴旋转 $180°$，如图 1-3-1（b）所示，圆水准器也将随着望远镜仪器转到竖轴的另一侧，这时 $L'L'$ 不但不再处于铅垂位置，而且

与铅垂 LL 的交角为 2α。显然气泡不再居中，气泡偏移的弧度所对的圆心角等于 2α。气泡偏移的距离表示仪器旋转轴与圆水准器轴交角的两倍。

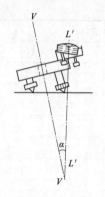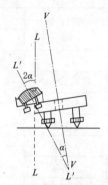

（a）圆水准器轴处于竖直方向　　　（b）圆水准器轴偏移竖直方向2α角

图 1-3-1　圆水准器轴平行于仪器竖轴的检校原理

（2）校正。若通过检验证明 $L'L'$ 与 VV 不平行，则需校正。校正时可用校正针分别拨动圆水准器下角的 3 个校正螺丝（图 1-3-2），使气泡向居中位置移动偏离的一半，如图 1-3-3（a）所示。

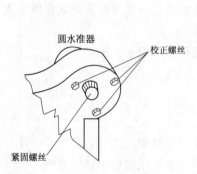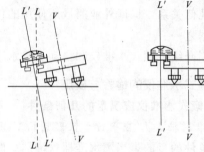

（a）使圆水准器轴与竖轴平行　（b）使竖轴处于竖直状态

图 1-3-2　圆水准器的校正螺丝　　　图 1-3-3　圆水准器的校正原理

这时，圆水准器轴 $L'L'$ 与 VV 平行。然后再用脚螺旋使气泡完全居中。竖轴 VV 则处于如图 1-3-3（b）所示的竖直状态。这项检验校正工作需要反复进行数次，直到仪器竖轴旋转到任何位置时，圆水准器气泡都居中为止。

2. 十字丝横丝应垂直于仪器竖轴的检验与校正

（1）检验。在仪器检验场地上安置欲检验的水准仪，选择并照准目标 M，如图 1-3-4（a）所示；然后固定制动螺旋，转动微动螺旋，如标志点 M 始终在横丝上移动，如图 1-3-4（b）所示，则说明该条件满足要求。否则，就需要进行校正。

（2）校正。松开十字丝分划板的固定螺丝，如图 1-3-5 所示，慢慢转动十字丝分划板座，使其满足条件，此项校正也需反复进行。

3. 视准轴平行于水准管轴的检验与校正

（1）检验。如图 1-3-6 所示，假设视准轴不与水准管轴平行，它们之间的夹角为 i。当水准管气泡居中，即水准管轴水平时，视线倾斜 i 角，图中设视线上倾，由于 i 角对标尺

读数的影响与距离成正比，所以两个水准尺上的读数分别为

$$\left.\begin{array}{l} a_1 = a + s\dfrac{i}{\rho} = a + \Delta \\ b_1 = b + s\dfrac{i}{\rho} = b + \Delta \end{array}\right\}$$ (1-3-1)

式中：s 为水准仪到水准尺的水平距离；i 为仪器的视准轴与水准轴之间的夹角；ρ 为一个数学常数，其值可以近似地取为 206265。

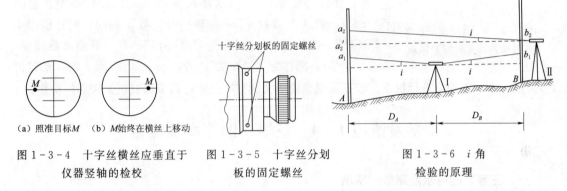

(a) 照准目标 M (b) M 始终在横丝上移动

图 1-3-4 十字丝横丝应垂直于 仪器竖轴的检校

图 1-3-5 十字丝分划 板的固定螺丝

图 1-3-6 i 角 检验的原理

当前后视距相等时（即 $D_A = D_B$），则高差

$$h_{AB} = a_1 - b_1 = a - b$$

为正确的高差值。因此，检验时先将仪器置于两水准尺中间等距处进行观测，就可以测得两立尺点之间的正确高差。然后将仪器安置于 A 点或 B 点附近（约 3m），如将仪器搬至 B 点附近，则读得 B 尺上读数为 b_2，因为此时仪器离 B 点很近，i 角的影响很小，可忽略不计，故认为 b_2 为正确的读数。并用公式

$$a_2' = b_2 + h_{AB}$$

可计算出 A 尺上应读得的正确读数 a_2'（即视线水平时的读数）。瞄准 A 尺读得的读数 a_2，若 $a_2 = a_2'$，则说明条件满足；否则存在 i 角，其值的大小可以式（1-3-2）进行计算。

$$i = \frac{\Delta a}{D_{AB}} \rho''$$ (1-3-2)

式中：$\Delta a = a_2 - a_2'$。

对于 DS3 型水准仪，i 值应小于 $20''$。如果超限，则需校正。

（2）校正。转动微倾螺旋，使中丝读数对准 a_2'，此时视准轴处于水平位置，但水准气泡却偏

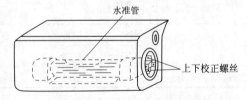

图 1-3-7 水准管及其上下两个校正螺丝

离了中心。拨动水准管上下两个校正螺丝，如图 1-3-7 所示，使它一松一紧，直至气泡居中（符合水准器两端气泡影像重合）为止。

此项检校需反复进行，直至达到要求为止。

二、自动安平水准仪的检验与校正

自动安平水准仪的主要检验项目有：①圆水准器轴应平行于仪器竖轴；②十字丝的横丝应垂直于仪器竖轴；③补偿器误差的检验；④望远镜视准轴位置正确性的检验。

其中①和②的检验方法与微倾式水准仪相同；而④检验方法与微倾式水准仪的"水准管轴应平行于视准轴的检验"（i 角检验）方法一样，故这里只介绍③的检验方法。由于一般自动安平水准仪的校正需送修理部门由专业人员进行，因此这里着重介绍其检验方法。

所谓补偿器性能是指仪器竖轴有微量的倾斜时，补偿器是否能在规定的范围内补偿。

图 1-3-8　自动安平水准仪
补偿器误差的检验原理

如图 1-3-8 所示，在 AB 直线中点处架设仪器，并使仪器两个脚螺旋的连线与 AB 垂直。整平仪器后，读取 A 点水准尺上的读数为 a，然后转动位于 AB 方向的第三个脚螺旋，使仪器竖轴向 A 点水准尺倾斜 $\pm\alpha$ 角（DZS3 型仪器为 $\pm 8'$），如 A 尺读数 $a\pm a$ 与整平时读数 a 相同，则补偿器工作正常。若 $a\pm a>a$ 则称为"过补偿"；对于普通水准测量，$a\pm a<a$，则称为"欠补偿"；若 $a\pm a\neq a$ 则 $a\pm a$ 与 a 的差值应小于 3mm，否则应进行校正。校正可根据说明书调整有关重心调节器或送修理部门检修。

子学习情境 1-4　三等、四等水准测量

一、三等、四等水准测量的实施

在三等、四等水准测量路线上，每隔 2～6km 应埋设一个水准标石。为便于工程上利用，工程建设区域范围内至少应埋设两个水准标石。水准标石埋设地点应距铁路 50m、公路 20m 以上，且避免选在土质松软、易受破坏的区域内，以便使标石长期保存。水准路线的形式可以使用闭合路线、附合路线等。

国家三等、四等水准测量的精度较普通水准测量的精度高，其技术指标见表 1-4-1。三等、四等水准测量的水准尺，通常采用木质的两面有分划的红黑双面水准尺，表 1-4-1 中的黑红面读数差，即指一根水准尺的两面读数去掉常数之后所容许的差数。

表 1-4-1　　　　　　　　　三等、四等水准测量技术指标

等级	路线长度 /km	水准仪	水准尺	观　测　次　数		往返较差、附合或环线闭合差	
				与已知点联测	附合或环线	平地/mm	山地/mm
三	≤50	DS1	铟瓦	往返各一次	往一次	$\pm 12\sqrt{L}$	$\pm 4\sqrt{n}$
		DS3	双面		往返各一次		
四	≤16	DS3	双面	往返各一次	往一次	$\pm 20\sqrt{L}$	$\pm 6\sqrt{n}$

注　L 为水准路线长度（km）；n 为测站数；三等、四等水准测量要求水准仪的 i 角不得大于 20″。

三等、四等水准测量路线闭合差应满足表 1-4-2 的规定。

表 1-4-2　　　　　　　　　三等、四等水准测量技术指标

等级	路线长度 /km	水准仪	水准尺	观　测　次　数		往返较差、附合或环线闭合差	
				与已知点联测	附合或环线	平地/mm	山地/mm
三	≤50	DS1	铟瓦	往返各一次	往一次	$\pm 12\sqrt{L}$	$\pm 4\sqrt{n}$
		DS3	双面		往返各一次		
四	≤16	DS3	双面	往返各一次	往一次	$\pm 20\sqrt{L}$	$\pm 6\sqrt{n}$

三等、四等水准测量在一测站上观测的顺序为：①照准后视水准尺黑面，按视距丝、中丝读数；②照准前视水准尺黑面，按中丝、视距丝读数；③照准前视水准尺红面，按中丝读数；④照准后视水准尺红面，按中丝读数。这样的顺序简称为"后前前后（黑黑红红）"。四等水准测量每站观测顺序也可为"后后前前（黑红黑红）"。无论何种顺序，视距丝和中丝的读数均应在水准管气泡居中时读取。

三等、四等水准测量的观测记录及计算的示例，见表 1-4-3。表内带括号的号码为观测读数和计算的顺序，（1）～（8）为观测数据，其余为计算所得。

表 1-4-3　　　　　　　　三等、四等水准测量观测手簿

测站编号	点　号	后尺 上丝/下丝	前尺 上丝/下丝	方向及尺号	水准尺读数 黑面	水准尺读数 红面	K+黑 一红	平均高差 /m	备　注
		后视距	前视距						
		视距差	$\sum d$						
		(1)	(4)	后	(3)	(8)	(14)		
		(2)	(5)	前	(6)	(7)	(13)	(18)	
		(9)	(10)	后一前	(15)	(16)	(17)		
		(11)	(12)						
1	BM1-TP1	1571	0739	后 12	1384	6171	0		
		1197	0363	前 13	0551	5239	−1	+0.8325	
		37.4	37.6	后一前	+0.833	+0.932	+1		
		−0.2	−0.2						
2	TP1-TP2	2121	2196	后 13	1934	6621	0		K 为水准尺尺常数，表中 $K_{12}=4.787$ $K_{13}=4.687$
		1747	1821	前 12	2008	6796	−1	−0.0745	
		37.4	37.5	后一前	−0.074	−0.175	+1		
		−0.1	−0.3						
3	TP2-TP3	1914	2055	后 12	1726	6513	0		
		1539	1678	前 13	1866	6554	−1	−0.1405	
		37.5	37.7	后一前	−0.140	−0.041	+1		
		−0.2	−0.5						
4	TP3-A	1965	2141	后 13	1832	6519	0		
		1700	1874	前 12	2007	6793	+1	−0.1745	
		26.5	26.7	后一前	−0.175	−0.274	−1		
		−0.2	−0.7						
每页检核	$\sum(9)=138.8$ $-\sum(10)=139.5$ $=-0.7$ $=4$ 站(12) $\sum(18)=+0.443$		$\sum[(3)+(8)]=32.700$ $-\sum[(6)+(7)]=31.814$ $=+0.886$ $2\sum(18)=+0.886$		$\sum[(15)+(16)]=+0.886$ 总视距 $\sum(9)+\sum(10)=287.3$				

1. 视距部分

视距等于下丝读数与上丝读数的差乘以 100。

后视距：(9)＝[(1)−(2)]×100

前视距：(10)＝[(4)−(5)]×100

计算前、后视距差：(11)＝(9)−(10)

计算前、后视距累积差：(12)＝上站(12)＋本站(11)

2. 水准尺读数检核

同一水准尺的红、黑面中丝读数之差，应该等于尺红、黑面的尺常数 K（4.687m 或 4.787m）。红、黑面中丝读数差（13）、（14）按下式计算：

$$(13)=(6)+K_前-(7)$$
$$(14)=(3)+K_后-(8)$$

红、黑面中丝读数差（13）、（14）的值，三等不得超过 2mm，四等不得超过 3mm。

3. 高差计算与校核

根据黑、红面读数计算黑、红面高差（15）、（16），计算平均高差（18）。

$$黑面高差：(15)=(3)-(6)$$
$$红面高差：(16)=(8)-(7)$$

$$黑、红面高差之差：(17)=(15)-[(16)\pm0.100]=(14)-(13)（校核用）$$

0.100 为两根水准尺的尺常数之差（m）。

黑、红面高差之差（17）的值，三等不得超过 3mm，四等不得超过 5mm。

$$平均高差：(18)=\frac{1}{2}\{(15)+[(16)\pm0.100]\}$$

当 $K_后=4.687$m 时，式中取 $+0.100$m；当 $K_后=4.787$m 时，式中取 -0.100m。

4. 每页计算的校核

（1）视距部分：后视距离总和减前视距离总和应等于末站视距累积差。即

$$\sum(9)-\sum(10)=末站(12)$$
$$总视距=\sum(9)+\sum(10)$$

（2）高差部分：红、黑面后视读数总和减红、黑面前视读数总和应等于红、黑面高差总和，还应等于平均高差总和的两倍。即

测站数为偶数时　$\sum[(3)+(8)]-\sum[(6)+(7)]=\sum[(15)+(16)]=2\sum(18)$

测站数为奇数时　$\sum[(3)+(8)]-\sum[(6)+(7)]=\sum[(15)+(16)]=2\sum(18)\pm0.100$

若测站上有关观测限差超限，在本站检查发现后可立即重测；若迁站后才检查发现，则应从水准点或间歇点起，重新观测。

二、三等、四等水准测量的检核

（一）计算检核

由式 $\sum h=\sum a-\sum b$ 可知 B 点对 A 点的高差等于各转点之间高差的代数和，也等于后视读数之和减去前视读数之和，故此式可作为计算的检核。

计算检核只能检查计算是否正确，并不能检核观测和记录的错误。

（二）测站检核

如上所述，B 点的高程是根据 A 点的已知高程和转点之间的高差计算出来的。其中若测错或记错任何一个高差，则计算出来的 B 点高程就不正确。因此，对每一站的高差均需进行检核，这种检核称为测站检核；测站检核常采用变动仪器高法或双面尺法。

1. 变动仪器高法

变动仪器高法是在同一个测站上变更仪器高度（一般将仪器升高或降低 0.1m 左右）进行两次高差测量，用测得的两次高差进行检核。如果两次测得的高差之差不超过容许值（如等外水准容许值为 6mm），则取其平均值作为最后结果，否则需重测。

2. 双面尺法

双面尺法是保持仪器高度不变，而用水准尺的黑、红面两次测量高差进行检核。两次高差之差的容许值和两次仪器高法测得的两个高差之差的限差相同。

（三）成果检核

测站检核只能检核一个测站上是否存在错误或误差超限。对于整条水准路线来讲，还不足以说明所求水准点的高程精度符合要求。例如，由于温度、风力、大气折光及立尺点变动等外界条件引起的误差和尺子倾斜、估读误差及水准仪本身的误差以及其他系统误差等，虽然在一个测站上反映不很明显，但整条水准路线累积的结果将可能超过容许的限差。因此，还须进行整条水准路线的成果检核。成果检核的方法随着水准路线布设形式的不同而不同。

1. 附合水准路线的成果检核

由图 1-4-1 可知，在附合水准路线中，各待定高程点间高差的代数和应等于两个水准点间的高差。如果不相等，两者之差称为高差闭合差 f_h，其值不应超过容许值。用公式表示为

$$f_h = \sum h_{测} - (H_{终} - H_{始})$$

式中：$H_{终}$ 为终点水准点 BM_B 的高程；$H_{始}$ 为始点水准点 BM_A 的高程。

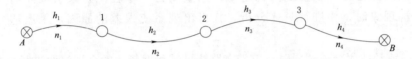

图 1-4-1　附合水准路线计算略图

各种测量规范对不同等级的水准测量规定了高差闭合差的容许值。如我国《工程测量规范》（GB 50026—2007）中，规定三等水准测量路线闭合差不得超过 $\pm 12\sqrt{L}$ mm，四等水准测量路线闭合差不得超过 $\pm 20\sqrt{L}$ mm，在起伏地区则不应超过 $\pm 6\sqrt{n}$ mm，普通水准测量路线闭合差不得超过 $\pm 40\sqrt{L}$ mm。这里的 L 为水准路线的长度，以 km 为单位；n 为测站数。

当 $|f_h| \leqslant |f_{h容}|$ 时，则成果合格，否则须重测。

2. 闭合水准路线的成果检核

如图 1-4-2 所示，在闭合水准路线中，各待定高程点之间的高差的代数和应等于零。即

$$\sum h_{理} = 0 \qquad\qquad (1-4-1)$$

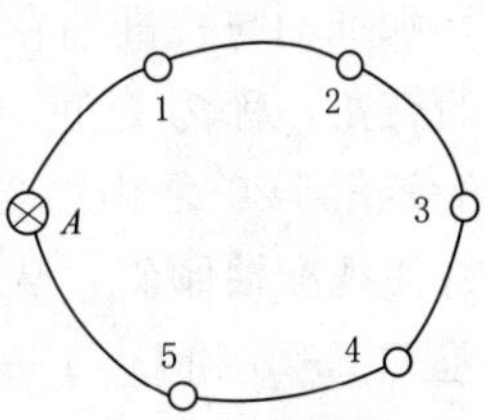

由于测量误差的影响，实测高差总和 $\sum h_{测}$ 不等于零，它与理论高差总和的差数即为高差闭合差。用公式表示为

图 1-4-2　闭合水准路线

$$f_h = \sum h_{测} - \sum h_{理} = \sum h_{测} \qquad\qquad (1-4-2)$$

其高差闭合差亦不应超过容许值。

3. 支水准路线的成果检核

在如图 1-4-3 所示的支水准路线中，理论上往测与返测高差的绝对值应相等，即

$$|\sum h_{返}| = |\sum h_{往}| \qquad\qquad (1-4-3)$$

两者如不相等，其差值即为高差闭合差。故可通过往返测进行成果检核。

图 1-4-3 支水准路线计算略图

三、水准测量观测的注意事项

（1）水准观测所用的水准仪、水准尺，应按规定进行检验和校正。

（2）除路线拐弯处外，每一测站的仪器和前后尺的位置应尽量在一条直线上，视线还要高出地面一定距离。

（3）同一测站不得两次调焦。

（4）每一测段的往返测站数均应为偶数；否则应加水准尺零点差改正数。

（5）在高差很大的地区进行三、四等水准测量时，应尽可能使用铟瓦水准尺。

四、超限成果的处理与分析

（1）测站观测超限，在本站检查发现后，可立即重测，若迁站后才发现，则应从水准点或间歇点重测。

（2）测段往返测高差不符值超限，应分析原因，先对可靠程度小的往测或返测进行整测段重测。若重测的高差与同方向原测高差的不符值不超过限差，且其中数与另一单程原测高差的不符值也不超过限差，则取此数作为该单程的高差结果；如超限，则取重测结果。若重测结果与另一单程之间仍超限，则重测另一单程。如果出现同向不超限而异向超限的分群现象时，要进行具体分析，找出出现系统误差的原因，采取适当措施，再进行重测。

（3）路线或环线闭合差超限时，应先在路线可靠程度较小的个别测段进行重测。

（4）由往返高差不符值计算的每公里高差中数的偶然误差超限时，要分析原因，重测有关测段。

五、水准测量误差分析

水准测量误差按其来源划分有仪器误差、外界因素引起的误差和观测误差。研究这些误差影响规律的目的，是找出减弱或消除误差影响的方法，以提高观测精度。

1. 视准轴与水准管轴不平行的误差

水准轴与视准轴在垂直面上的投影不平行而产生的交角，称为 i 角。在四等水准观测中，要求把 i 角校正到 $20''$ 之内。当管水准轴水平时，残余的 i 角将使视准轴倾斜，从而产生前、后视水准尺读数误差 $D_前 i/\rho$ 和 $D_后 i/\rho$，如图 1-4-4 所示。于是，测站高差的误差为

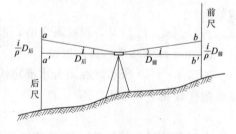

图 1-4-4 i 角的影响

$$\delta_{h_i} = \frac{i}{\rho}D_后 - \frac{i}{\rho}D_前 = \frac{i}{\rho}(D_后 - D_前) = \frac{i}{\rho}d \qquad (1-4-4)$$

式中：d 为测站的前后视距差；ρ 为一弧度秒值，$\rho = 206265''$。

由式（1-4-4）可知，各测站前后视距差积累值引起的测段高差误差为

$$\sum_1^n \delta_{h_i} = \frac{i''}{\rho''} \sum_1^n d_i \qquad (1-4-5)$$

根据式（1-4-4）和式（1-4-5）不难看出，要减弱 i 角误差引起的高差误差，首先

应定期检校 i 角,以减小 i 角的数值;其次,在外业观测时,要做到测站前后视距完全相等是很困难的,但可以将各测站的前后视距差和前后视距累积差限制在一定的范围内。所以在作业中,要注意及时调整前、后视视线长度,保证 $\sum d$ 不超过限差规定的范围。

2. 观测误差

(1) 读数误差。普通水准测量中,在水准尺上所读数值的毫米数是估读得到的。这样,观测者的视觉误差和估读时的判断误差,就会反映到读数中。估读误差的大小与 cm 分格影像的宽度及十字丝的粗细有关。而这两者又与望远镜的放大倍率及观测视线的长度有关。所以,为削弱估读误差影响,在各级水准测量中,要求望远镜具有一定的分辨率,并规定视线长度不超过一定限值,以保证估读的正确性。此外,在观测中要仔细进行物镜和目镜对光,以便消除视差给读数带来的影响。

(2) 水准尺倾斜误差。在水准测量中,竖立水准尺时常常出现前后或左右倾斜的现象,使横丝在水准尺上截取的数值总是比水准尺竖直时的读数要大,而且视线越高,水准尺倾斜引起的读数误差就越大。所以,在进行水准测量时,立尺员应将水准尺扶直。有的水准尺上装有水准器,在立尺时应使水准器气泡居中,这样可以使水准尺倾斜误差的影响减弱。

(3) 水准器气泡不居中的误差。在水准测量时,水平视线是通过气泡居中来实现的,而气泡居中又是由观测者目估判断的。一般认为,气泡居中的最大误差为 $0.1\tau \sim 0.15\tau$ (τ 为水准管的分划值)。当使用符合水准器时,气泡居中的精度可提高到 $0.15\tau/2$。例如 DS3 型水准管的分划值 $\tau=20''$,则 $0.15\tau/2=1.5''$;当视线长为 100m 时,由气泡居中误差引起的最大读数误差为

$$x = \frac{1.5''}{\rho''} \times 100\text{m} = \frac{1.5''}{206265''} \times 10^5 \text{m} = 0.75\text{mm}$$

实际观测时,要求在进行前后视读数时,注意观测气泡居中的情况,及时加以调整,同时注意避免强烈阳光直射仪器,必要时给仪器打伞。这样,就可以有效地减弱气泡居中误差的影响。

3. 水准尺的误差

(1) 水准尺每米真长的误差。水准尺分划的正确程度将直接影响观测成果的精度。尤其是由于刻划制作不正确引起的系统误差,是不能在观测中发现、避免或抵消的。因为它在往返测闭合差或环线闭合差中反映不出来,只有水准路线附合在两个已知高级点上时才可发现。所以,观测 (四等以上) 前必须做好"水准尺分划线每米分划间隔真长的测定"。当一对水准尺一米间隔平均真长与一米之差大于 0.02mm 时,必须对观测成果施加水准尺一米间隔真长的改正。

(2) 水准尺零点不等的误差。水准尺出厂时,水准尺底面与水准尺第一个分格的起始线 (黑面为零,红面为 4687 或 4787) 应当一致。但由于磨损等原因,有时不能完全一致。水准尺的底面与第一分格的差数,叫作水准尺零点误差。一对水准尺零点误差之差叫作一对水准尺的零点差。每一站水准测量的高差,都包含了一对水准尺零点差的影响。然而,在两个测站的情况下,甲水准尺在第一站时为后视尺,第二站时转为前视尺,而乙水准尺 (即第一站时的前视水准尺,也就是第二站时的后视水准尺) 的位置却没有变动,这时求两站的高差和,就可以消除两水准尺零点差不相等的影响。这和两点间高差不受中间转点位置高低的影响是同一个道理,即水准尺零点差的影响对于测站数为偶数站的水准路线,可以自行抵

消。但若测站数为奇数时，则高差中将含有这种误差的影响。因此，规范要求每一测段的往测或返测，其测站数均应为偶数，否则应加入水准尺零点误差改正（四等以上）。

4. 大气垂直折光误差影响

由于近地面大气层的密度分布一般随高度而变化，所以视线通过时就会在垂直方向上产生弯曲，并且弯向密度大的一方，这种现象叫作大气垂直折光。如果在平坦地区进行水准测量，前后视距相等，则前后视线弯曲的程度相同，折光影响即相同，在高差计算中就可以消除这种影响。但是，如果前后视线距离地面的高度不同，则视线所经大气层的密度也不相同，其弯曲程度也就不同，所以前后视相减所得高差就要受到垂直折光的影响。尤其是当水准路线经过一个较长的斜坡时，前视超出地面的高度总是大于（或小于）后视超出地面的高度，这时折光误差影响就呈现系统性质。为减弱垂直折光的影响，视线离开地面应有一定的高度，一般要求三丝均能读数，同时前后视距尽量相等，在坡度较大的地段可以适当缩短视线。此外，应尽量选择大气密度较稳定的时间段观测，每一测段的往测和返测分别在上午与下午进行，以便在往返高差的平均值中减弱垂直折光的影响。

另外，水准测量误差来源还有来自水准尺、水准仪受自身重量影响引起的水准尺及仪器升降的误差。在此就不再叙述了。

子学习情境 1-5　闭合水准路线内业计算

一、地球的形状与大小

测量工作是在地球的自然表面上进行的，而地球自然表面是极不平坦和不规则的，它有约占 71% 面积的海洋，有约占 29% 面积的陆地，有高达 8848.86m 的珠穆朗玛峰，也有深达 11034m 的马里亚纳海沟。这样的高低起伏，相对于地球庞大的体积来说，还是很小的。人们把地球整体形状看作是被海水包围的球体；也就是设想有一个静止的海水面，向陆地延伸而形成一个封闭的曲面，这个静止的海水面称为水准面。水准面有无数个，而其中通过平均海水面的水准面称为大地水准面，它所包围的形体称为大地体。

水准面的特性是它处处与铅垂线垂直。由于地球在不停地旋转着，地球上每个点都受离心力和地心吸引力的作用，因此所谓地球上物体的重力就是这两个力的合力（图 1-5-1）。重力的作用线就是铅垂线。

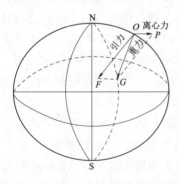

图 1-5-1　重力的方向

测量工作的基准线就是铅垂线，也就是地面上一点的重力方向线。地面上任意一点悬挂一个垂球，其静止时垂球线所指的方向就是重力方向。测量工作的基准面就是大地水准面，如测量仪器的水准器气泡居中时，水准管圆弧顶点的法线即与重力方向一致，因此利用水准器所测结果就是以过地面点的水准面为基准而获得的，如图 1-5-2 所示。

大地水准面仍然是一个有起伏的不规则曲面，这是由于地球内部质量分布不均匀致使各点铅垂线方向产生不规则变化所致。因此，大地水准面不可能用数学公式来表达，也无法在这个面上进行测量的计算工作。测量工作中，通常用一个非常接近大地体的几何形体，即旋转椭球作为测量计算的基准。该球体是以一个椭圆绕其短轴旋转而成的,如图 1-5-3 所示。

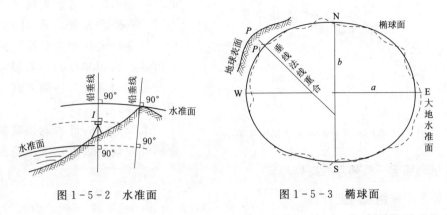

图 1-5-2 水准面　　　　　　图 1-5-3 椭球面

根据 1975 年国际大地测量学与地球物理学联合会决议,推荐使用椭球的元素为

长半轴 $a = 6378140$m

短半轴 $b = 6356755.2881575287$m

扁平率 $\alpha = 1 : 298.257$

我国的"1980 国家大地坐标系"选用的就是上述推荐的椭球元素。由于地球椭球体的扁率很小,因此,在地形测量的范围内可将地球大地体视为圆球体,其半径可以近似地取为 6371km。

二、地面上点位的表示方法

1. 地面点在球面或平面上的表示方法

测量工作的具体任务,就是确定地面点的空间位置,也就是地面上的点在球面或平面上的位置(地理坐标或平面坐标)以及该点到大地水准面的垂直距离(高程)(图 1-5-4)。

2. 高程与高程系统

地面点的坐标只是表示地面点在投影面上的位置,要表示地面点的空间位置,还需要确定地面点的高程。前已述及,大地水准面是高程的基准面。地面点沿铅垂线方向到大地水准面的距离称为绝对高程或海拔,简称高程;如图 1-5-5 中的 H_A、H_B。过去我国采用青岛验潮站 1950—1956 年观测成果推算的黄海平均海水面作为高程零点,由此建立起来的高程系统称为"1956 黄海高程系"。由于该系统中采用的验潮资料时间过短,该高程基准存在一定的缺陷,因此在建立新的国家大地坐标系时,重新建立了新的高程基准。新的大地水准面命名为"1985 国家高程基准",位于青岛的中华人民共和国水准原点,新的基准起算的高程为 72.260m。以前所用的"1956 国家高程基准"中,青岛原点的高程为 72.289m。全国范围内的国家高程控

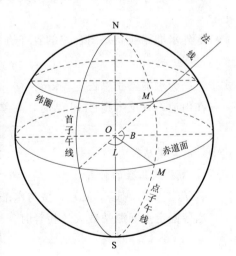

图 1-5-4 地理坐标系

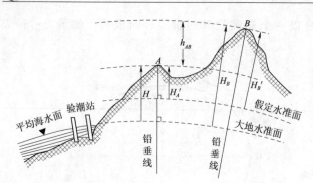

图 1-5-5 高程与高差的定义及其相互关系

制点都以新的水准原点为准。在利用旧的水准测量成果时要注意高程基准的统一和换算；若远离国家高程控制点或为施工方便，也可以采用假设（任意）水准面为基准，则该工地所得各点高程是以同一假设水准面为基准的相对高程。地面上两点高程之差称为高差。

水准测量的目的就是根据水准测量的外业观测数据，通过测量的内业

计算推算出地面上一系列点的高程。

三、闭合水准路线内业计算

水准测量外业结束后，必须对外业观测手簿进行认真的检验，在每站计算的高程准确无误后，才能做进一步的内业计算。

首先，应绘制一张水准路线略图。图上要注明水准路线起点、终点以及路线上各固定点的编号，标明观测方向，根据外业观测手簿，计算出路线上相邻固定点间的距离及高差。水准路线起点为 A 水准点，终点也是 A 水准点。水准路线略图、固定点间高差、距离均如图 1-5-6 所示。

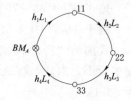

图 1-5-6 闭合水准路线略图

1. 高差闭合差的计算

闭合水准路线高差总和 $\sum h$ 应等于零，若不等于零，其值即为高差闭合差，即

$$f_h = \sum h \qquad (1-5-1)$$

高差闭合差如果不超过规定的限差，则说明观测成果是合格的，否则应该进行外业外野重测。

等外水准路线高差闭合差的容许值为

$$f_容 = \pm 40\sqrt{L}\ \text{mm} \qquad (1-5-2)$$

式中：L 为水准路线总长度，km。

在山地，每千米超过 16 站时，高差闭合差的容许值为

$$f_容 = \pm 12\sqrt{n}\ \text{mm}$$

式中：n 为测站数。

2. 高差改正数的计算

若 $f_h \leqslant f_容$，则 f_h 反号，按与水准路线各固定点间距离或测站数成正比进行调整。

当各固定点间测站数大致相等时，按距离进行调整。其改正数为

$$V_i = -\frac{f_h}{L}L_i \qquad (1-5-3)$$

式中：V_i 为第 i 段高差改正数；L_i 第 i 段的距离，km。

当各固定点间的测站数相差较大时，按测站数进行调整，其改正数为

$$V_i = -\frac{f_h}{n}n_i \qquad\qquad (1-5-4)$$

式中：n_i 为第 i 段的测站数；n 为水准路线总站数。

3. 高程计算

从已知高程点开始，逐点求出高程，最后再沿水准路线，推出起始点高程，其值应与已知高程相等。

计算实例参见图 1-5-6 和表 1-5-1。

表 1-5-1　　　　　　　　　　　　闭合水准路线内业计算

点号	距离/km	测得高差/m	改正数/mm	改正后高差/m	高程/m	备注
BM_A					37.141	
	1.10	−1.999	−12	−2.011		
11					35.13	
	0.75	−1.420	−8	−1.428		
22					33.702	已知高程
	1.20	+1.825	−14	+1.811		
33					35.513	
	0.95	+1.638	−10	+1.628		
BM_A					37.141	
Σ	4.0	0.044	−44	0		

在闭合水准路线的内业计算中有几项检核应该注意：

（1）高差闭合差不得超过规定的容许值。

（2）高差改正数之和与高差闭合差大小相等、符号相反。

（3）改正后的高差之和应该等于零。

（4）最终推算出的起始点高程应该等于已知的高程值。

其中（2）、（3）、（4）项属于计算检核，如果这三项不能满足上述要求，说明计算中存在错误，这时必须进行仔细的检查、核对，待查找到原因并予以纠正后再进行后面的计算工作。由手工计算时，为了避免多次返工现象的发生，可以采用两人或两人以上对算的方式进行。

子学习情境 1-6　附合水准路线内业计算

附合水准路线外业观测工作结束后，要对外业观测手簿进行认真的检验。在对每站观测的记录与计算全面的检查核对、确认无误后，才能做进一步的内业计算。

在对外业观测手簿进行检查的同时，应绘制一张水准路线略图。图上要注明水准路线起点、终点以及路线上各固定点的编号，标明观测方向，根据外业观测手簿，计算出路线上相邻固定点间的测站数及高差。附合水准路线略图示例如图 1-6-1 所示。水准路线起点为 A 泉河水准点，终点为 B 大泉水准点。固定点间高差、测站数均如图所示，其中 n、h 即由外业观测手簿中的观测数据通过计算求得。

一、附合水准路线的计算

（一）高差闭合差的计算与调整

附合水准路线测得的高差总和 $\sum h = h_1 + h_2 + \cdots$，应等于起始点 A 和终点 B 的已知高差 $H_B - H_A$，如不相等，其差值即为高差闭合差，即

$$f_h = \sum h - (H_B - H_A) \qquad\qquad (1-6-1)$$

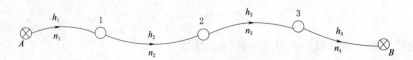

图 1-6-1 附合水准路线

等外水准路线高差闭合差的容许值为

$$f_容 = \pm 40 \sqrt{L} \ \text{mm} \tag{1-6-2}$$

式中：L 为水准路线总长度，km。

在山地，每千米超过 16 站时，高差闭合差的容许值为

$$f_容 = \pm 12 \sqrt{n} \ \text{mm}$$

式中：n 为测站数。

若 $f_h \leqslant f_容$，则 f_h 反号，按与水准路线各固定点间距离或测站数成正比进行调整。

当各固定点间测站数大致相等时，按距离进行调整。其改正数为

$$V_i = -\frac{f_h}{L} L_i \tag{1-6-3}$$

式中：V_i 为第 i 段高差改正数；L_i 为第 i 段的距离。

当各固定点间的测站数相差较大时，按测站数进行调整，其改正数为

$$V_i = -\frac{f_h}{n} n_i \tag{1-6-4}$$

式中：n_i 为第 i 段的测站数；n 为水准路线总站数。

（二）高程计算

由水准路线起始点的高程开始，加经改正的高差，逐点计算出高程；最后计算出的终点高程，应与已知值相等。

计算实例参见图 1-6-1 和表 1-6-1。

表 1-6-1　　　　　　　　　　　附合水准路线平差计算

测点	测站数 n_i	实测高差 h/m	高差改正数 V/m	改正后高差 $\bar{h}$/m	高程 H/m
A					42.365
	6	-2.515	-0.011	-2.526	
1					39.839
	6	-3.227	-0.011	-3.238	
2					36.601
	4	+1.378	-0.008	+1.370	
3					37.971
	8	-5.447	-0.015	-5.462	
B					32.509
Σ	24	-9.811	-0.045		
备注	$f_h = \sum h - (H_B - H_A) = +0.045\text{m}$ $f_{h容} = \pm 12 \sqrt{\sum n} = \pm 58\text{mm}$				

二、支水准路线的计算

支水准路线观测结束后，进行内业计算时，也要对外业观测手簿进行认真的检验，在确

认每站计算的高程准确无误后，才能做进一步的内业计算。

首先应绘制一张水准路线略图（图1-6-2）。图上要
注明水准路线起点、终点以及路线上各固定点的编号，并
标明观测方向；根据外业观测手簿，计算出路线上相邻固
定点间的测站数（距离）及高差。

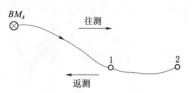

图1-6-2 支水准路线略图

（一）高差闭合差的计算

支水准路线采用往返测，故往返测高差的代数和应为
零；如不为零，其值即为高差闭合差，即

$$f_h = \sum h_往 + \sum h_返 \qquad (1-6-5)$$

若高差闭合差不超过规范规定的限差，以等外水准测量为例，在山地，每千米超过16
站时，高差闭合差的容许值为

$$f_容 = \pm 12\sqrt{n} \ \text{mm} \qquad (1-6-6)$$

式中：n 为水准点间总的测站数。

（二）高差计算

对于水支准路线，如果闭合差不超过限差，取各固定点间往返测高差的平均值作为改正
后的高差，即

$$h = \frac{1}{2}(h_往 - h_返) \qquad (1-6-7)$$

（三）高程计算

由已知高程的高级点开始，逐点计算高程。由于支水准路线只有一个已知点，最后无检
核条件，故计算时要特别谨慎。

【例题1-6-1】 已知：A 点高程 $H_A = 186.785\text{m}$，往测高差总和 $\sum h_往 = -1.375\text{m}$，
返测高差总和 $\sum h_返 = 1.396\text{m}$，单程站数 $n = 16$ 站。

试求：P 点高程 H_P。

【解】

1. 计算高差闭合差 f_h

$$f_h = \sum h_往 + \sum h_返 = 0.021(\text{m})$$

$$f_{h容} = \pm 12\sqrt{n} = \pm 12\sqrt{16} = \pm 48(\text{mm})(合格)$$

2. 计算往返测高差平均值

$$\sum \overline{h}_往 = \frac{\sum h_往 - \sum h_返}{2} = -1.386(\text{m})$$

3. 计算 P 点高程 H_P

$$H_P = H_A + \sum h_往 = 186.785 + (-1.386) = 185.399(\text{m})$$

子学习情境 1-7 竖 直 角 观 测

一、竖直角测量原理

竖直角测量的目的是确定地面点的高程。

竖直角又叫倾斜角，是指在目标方向所在的竖直面内，目标方向与水平方向之间的夹

角，如图 1 - 7 - 1 所示，BA 方向的竖直角为 α_A，BC 方向的竖直角为 α_C。目标方向在水平方向以上，竖直角为正，叫仰角；目标方向在水平方向以下，竖直角为负，叫俯角。

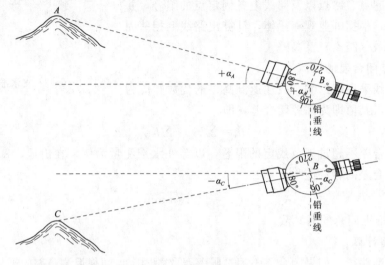

图 1 - 7 - 1　竖直角测量原理

竖直角的度量，是从水平视线向上或向下量到照准方向线，角值为 $0° \sim \pm 90°$。

根据以上分析可知，观测水平角和竖直角的仪器，必须具备以下三个主要条件。

（1）仪器必须能安置在过角顶点的铅垂线上。

（2）有一圆刻度盘，其圆心过角顶点的铅垂线并能安置成水平，用来确定水平角值。在竖直面内（或平行于竖直面的位置），设置一竖直刻度盘（简称竖盘），用来确定竖直角值。

（3）仪器必须有能在水平方向和竖直方向转动的瞄准设备。

一般经纬仪，就是按上述条件制成的测角仪器。

二、竖盘结构

经纬仪的竖盘亦即竖直度盘，装在望远镜旋转轴的一侧，专供观测竖直角之用。竖盘装置包括竖盘、读数指标棱镜、指标水准管及调节指标水准管气泡居中的微动螺旋，如图

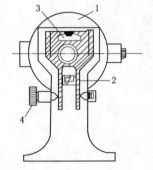

图 1 - 7 - 2　竖盘结构
1—竖盘；2—读数指标棱镜；
3—指标水准管；4—指标
水准管微动螺旋

1 - 7 - 2 所示。

当经纬仪安置在测站上，水平度盘已整平，竖盘处于竖直状态。因竖盘与望远镜固结在一起，当望远镜上、下仰俯转动时，望远镜带动度盘一起转动。作为竖盘读数用的读数指标，通过光学棱镜折射，最后与竖盘刻划一起，呈现在望远镜旁的读数窗口内。读数指标与指标水准管固连在一起，不随望远镜转动，它只能通过指标水准管微动螺旋，使读数指标和指标水准管一起做微小转动。当指标水准管气泡居中时，指标就处于正确位置，这时的读数才是正确的。

由于竖直角是竖直平面内目标方向与水平方向所构成的角度，可见，任何竖直角都包含有水平方向。故竖盘及其读数装置的结构特点是：当视线水平时，竖盘读数为一特殊值，通常为

90°或270°。用以读数的指标装有一水准管，用来判断指标位置的正确与否，当指标水准管气泡居中时，指标就处于正确位置。因此，观测竖直角时，只需测得目标方向的竖盘读数，即可计算出竖直角。

竖盘刻划注记方式有多种，常见的注记方式有全圆式，即从 0°～360°注记。图 1-7-3 为 J6-2 型光学经纬仪竖盘注记的形式。

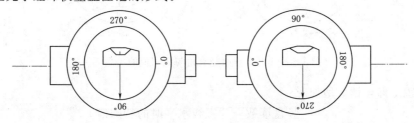

图 1-7-3 竖盘示意图

三、竖盘指标差

当望远镜视准轴水平、竖盘指标水准管气泡居中，但读数指标没有对准相应的特殊值（90°或270°），而比特殊值大了或小了一个小角值时，这个小角值称为竖盘指标差，简称指标差，常以 i 表示（图 1-7-4）。i 的存在，使竖盘读数中包含了指标差，因而在计算竖直角时，必须消除它的影响。

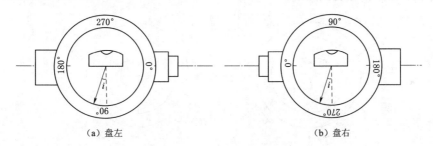

（a）盘左　　　　　　　　（b）盘右

图 1-7-4 指标差示意图

四、竖直角及指标差的计算

由于竖盘刻划与注记的不同，依竖盘读数计算竖直角和指标差的公式也各不相同，但其计算原理却是一样的。现以 J6-2 型光学经纬仪的竖盘刻划注记为例，来说明竖直角和指标差的计算方法。

（一）指标差为零时的竖直角的计算

如图 1-7-5 所示，观测某一目标，当无指标差时，盘左观测的竖直角为 $\alpha_左$，竖盘读数为 L；盘右观测的竖直角为 $\alpha_右$，竖盘读数为 R，由此可看出

$$\alpha_左=90°-L \tag{1-7-1}$$
$$\alpha_右=R-270° \tag{1-7-2}$$

按式（1-7-1）和式（1-7-2）计算出的竖直角有正、负之分，正值表示为仰角，负值表示为俯角。当竖盘注记与 J6-2 型经纬仪竖盘注记不同时，可按以下方法对照仪器推导公式。

1. 盘左位置

将望远镜大致置平，从读数显微镜中观察竖盘读数是逐渐增加还是逐渐减少。

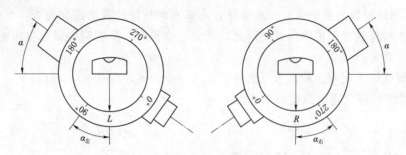

图 1-7-5　半测回竖直角与观测值的关系

当望远镜上仰，读数增加时

$$\alpha_右＝［竖盘读数］－［视线水平时的特殊值］$$

当望远镜上仰，读数减少时

$$\alpha_左＝［视线水平时的特殊值］－［竖盘读数］$$

2. 盘右位置

可按盘左位置竖直角推导法导出 $\alpha_右$ 的计算公式。

（二）指标差不为零时的竖直角的计算

现仍以 J6-2 型光学经纬仪为例。图 1-7-6 表示盘左和盘右观测同一目标时，由于指标差 i 的存在，度盘读数受到影响。

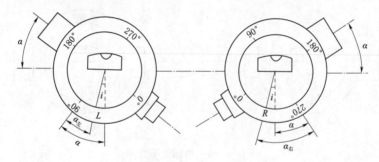

图 1-7-6　有指标差的竖直角观测

盘左时，由式（1-7-1）得

$$\alpha_左＝90°-(L-i)＝90°-L+i \qquad (1-7-3)$$

盘右时，由式（1-7-2）得

$$\alpha_右＝(R-i)-270°＝R-270°-i \qquad (1-7-4)$$

式（1-7-3）和式（1-7-4）相加，得

$$\alpha＝(R-L-180°)/2 \qquad (1-7-5)$$

这就是竖直角的计算公式。从式（1-7-5）中可看出，取盘右读数和盘左读数之差减180°再除以 2，或取左盘和右盘观测的竖直角之平均值，都能够消除指标差的影响。由于实际应用的经纬仪都或多或少存在指标差，因此实际工作中必须采用这个公式计算竖直角。

下面来推导计算指标差的公式。

式（1-7-3）减式（1-7-4），并除以 2，得

$$i＝(R+L-360°)/2 \qquad (1-7-6)$$

由式（1-7-6）可知，取盘左与盘右读数之和减 360°除以 2，或取盘右与盘左观测竖直角之差再除以 2，都可以求得指标差 i。

【**例 1-7-1**】 用 J6-2 型光学经纬仪观测某一目标的竖直角，盘左读数 $L=85°40'30''$，盘右读数 $R=274°20'42''$，试计算竖直角 α 及指标差 i。

【**解**】 竖直角计算：

$$\alpha_左=90°-L=+4°19'30''$$
$$\alpha_右=R-270°=+4°20'42''$$

则

$$\alpha=(\alpha_左+\alpha_右)/2=+4°20'06''$$

或

$$\alpha=(R-L-180°)/2=+4°20'06''$$

求指标差：

$$i=(\alpha_右-\alpha_左)/2=+36''$$

或

$$i=(R+L-360°)/2=+36''$$

五、竖直角的观测方法

（1）将经纬仪安置在测站上，对中、整平，盘左位置照准目标，固定望远镜，用望远镜微动螺旋，使十字丝的横丝精确地切准目标的顶部（图1-7-7）。

（2）旋转指标水准管微动螺旋，使气泡居中，再查看一下十字丝横丝是否切准目标，确认切准后，立即读取读数 L 并记入手簿中，见表1-7-1。

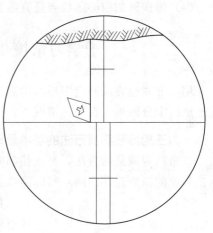

图 1-7-7 中丝切目标顶部瞄准

表 1-7-1 竖 直 角 观 测 记 录

日期：2008 年 9 月 6 日   观测者：刘健

天气：晴   仪器：J6 型经纬仪   记录者：王生

测站	目标	盘左读数 /(° ′ ″)	盘右读数 /(° ′ ″)	指标差 /(″)	一测回竖直角值 /(° ′ ″)	各测回平均竖直角 /(° ′ ″)
O	A	85 40 30	274 20 42	+36	4 20 06	4 20 10
	A	85 40 24	274 20 54	+39	4 20 15	
	B	97 07 20	262 54 00	+40	-7 06 40	-7 06 30
	B	97 07 00	262 54 20	+40	-7 06 20	

（3）盘右照准目标同一部位，以同样的方法，读取读数 R 并记录。这样就完成了一测回的竖直角观测。若需进行两测回，则只需按上述步骤，重复观测一次。

指标差 i 对于同一台仪器，在同一段时间内应是常数。但由于在观测中不可避免地带有误差，使各方向或各测回所计算的指标差可能互不相同。指标差本身大小无关紧要，因为可采用正、倒镜观测消除其影响，但为计算方便，当指标差过大时应进行校正。各方向指标差变化大小，能反映观测质量，故在有关测量规范中，对指标差的变化范围，均有相应的规定。在地形测量中，用 J6-2 型经纬仪作竖直角观测时，指标差之差不得超过 ±25″。另外，竖直角各测回较差，一般也不允许超过 ±25″。

六、竖直角观测的注意事项

（1）水平丝照准目标的部位必须在手簿中注记说明，同一目标必须照准同一部位。

（2）盘左、盘右照准目标时，要目标影像位于竖丝附近两侧的对称位置上，以便纵转望远镜使前后所用的部位基本一致，尽量消除水平丝不水平的误差。用水平丝切准目标时，应徐徐转动望远镜微动螺旋，求得一次切准，不要来回上下移动。

（3）每一站应量取仪器高（测站标志顶部到仪器横轴的铅垂距离）和觇标高（照准点标志顶部到照准部位的铅垂距离），并应进行两次量取，每次读至 5mm，若两次结果互差不超过 10mm，可以取其平均值作为最终成果。

（4）每次读数前必须检查竖直度盘指标水准管气泡是否严格居中。

子学习情境 1-8　三　角　高　程　测　量

用水准测量方法测定图根点的高程，其精度较高，但应用在地形起伏变化较大的山区、丘陵地区十分困难。在这种情况下，通常要采用三角高程测量的方法。

一、三角高程测量方法的基本原理

三角高程测量的方法，是在相邻两点间观测其竖直角，再根据这两点间的水平距离，应用三角学的原理计算出两点间的高差，进而推算出点的高程。

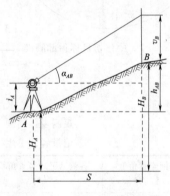

图 1-8-1　三角高程测量原理

如图 1-8-1 所示，设 A、B 为相邻两图根点，欲求出 B 点对于 A 点的高差 h_{AB}。将经纬仪安置于 A 点，量出望远镜旋转轴至标石中心的高度 i_A（称仪器高），用望远镜十字丝横丝切准 B 点上花杆的顶端，量取目标高 v_B，从竖直度盘上测出竖直角 α_{AB}，若已知 A、B 间水平距离为 S，则 A、B 的高差为

$$h_{AB} = S\tan\alpha_{AB} + i_A - v_B \qquad (1-8-1)$$

式中：α_{AB} 为竖直角，仰角时取正号，相应的 $S\tan\alpha_{AB}$ 也为正；俯角时，取负号，其相应的 $S\tan\alpha_{AB}$ 也为负。

若观测时，用十字丝横丝切花杆处与仪器同高，则 $i_A = v_B$。这时，$h_{AB} = S\tan\alpha_{AB}$；$\alpha_{AB}$、$i_A$、$v_B$ 的测定，往往与水平角观测同时进行。

若已知 A 点高程为 H_A，则 B 点高程为

$$H_B = H_A + h_{AB} \qquad (1-8-2)$$

二、地球曲率和大气折光对高差的影响

式（1-8-1）是以水平面作为起算面的，即把地球表面视为平面，但大地水准面并不是平面而是曲面。如图 1-8-2 中 AF 为过 A 点的水准面，AE 为过 A 点的水平面，而 EF 为水平面代替水准面对高差的影响，称为球差，若不改正，就使高差变小了。

另外，地球是被大气层包围的，大气层的密度随高度而变化，离地面越近，则大气密度越大。光线通过不同密度的大气层所产生的大气折光的轨迹，是一条凸起向上的曲线。在图 1-8-2 中，从 A' 点观测 M 点时，视准轴应是 $A'M$ 方向，但由于存在有大气折光的影响，

使视线位于 $A'M$ 的切线方向 $A'M'$ 上，这样测得的竖直角就偏大了，依此算出的高差多了 MM'。这种由于大气折光所产生的影响，称为气差，若不加改正，则使测得的高差加大了。

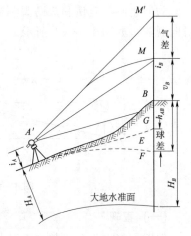

综上所述，在进行三角高程测量的内业计算时，应当考虑球差和气差的影响。若考虑这两项影响，则高差的计算公式为

$$h_{AB} = EF + EG + GM' - M'M - MB$$
$$= S\tan\alpha_{AB} + i_A - v_B + (FE - M'M)$$
$$= S\tan\alpha_{AB} + i_A - v_B + f \qquad (1-8-3)$$

式（1-8-3）中，$f = FE - MM'$ 称为球、气差改

正，其值可参照式 $f = 0.43\dfrac{S^2}{R}$ 算出，R 为地球半径，可

图 1-8-2 球、气差的影响

取 6371km。f 恒为正值，一般可用计算器迅速算得，也可编成球、气差改正数表，以距离 S 为引数直接查取（表 1-8-1）。

表 1-8-1 球、气差改正数表

S/m	f/mm	S/m	f/mm
50	0	550	20.4
100	0.7	600	24.3
150	1.5	650	28.5
200	2.7	700	33.1
250	4.2	750	38.0
300	6.1	800	43.2
350	8.3	850	48.8
400	10.8	900	54.7
450	13.7	950	60.9
500	16.9	1000	67.5

三、图根三角高程路线的布设

在地势起伏较大的测区，图根点高程除尽量在坡缓地区用水准测量的方法测定少量图根点高程作为图根三角高程测量起点和终点外，其余图根点，可根据分布情况，尽量沿最短边和最短路线组成三角高程闭合路线或附合路线，来确定图根点高程。

三角高程路线发展层次一般不多于两级，一级起闭于水准测量的固定点，二级在一级的基础上进行加密。

以交会定点的方法测定图根点高程，可由几个已知高程的平面控制点，用三角高程测量方法独立交会确定其高程。

四、三角高程测量的实施

三角高程测量外业观测主要是观测竖直角，其次还要量出仪器高和目标高。

为防止测量差错和提高观测精度，凡组成三角高程路线的各边，应进行直觇、反觇，即对向观测，如图 1-8-3 所示。

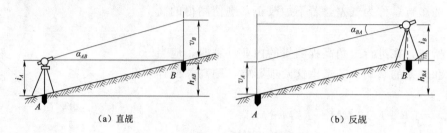

（a）直觇 （b）反觇

图 1-8-3 三角高程测量直觇、反觇观测

（一）直觇

如图 1-8-3（a）所示，从已知高程点 A，观测未知高程点 B，测定竖直角 α_{AB}、仪器高 i_A 和目标高 v_B，其高差 h_{AB} 计算公式为

$$h_{AB} = S\tan\alpha_{AB} + i_A - v_B + f$$

（二）反觇

如图 1-8-3（b）所示，从未知高程点 B 观测已知高程点 A，测定竖直角 α_{BA}、仪器高 i_B 和目标高 v_A，其高差计算公式为

$$h_{BA} = S\tan\alpha_{BA} + i_B - v_A + f$$

由直觇、反觇求得同一条边的高差不符值一般不得超过表 1-8-2 的规定。当符合要求后，平均高差可由下式求得

$$h'_{AB} = \frac{1}{2}(h_{AB} - h_{BA}) \tag{1-8-4}$$

亦得

$$h'_{AB} = \frac{1}{2}\left[(S\tan\alpha_{BA} - S\tan\alpha_{BA}) + (i_A - i_B) + (v_A - v_B) + (f - f)\right] \tag{1-8-5}$$

表 1-8-2 图根三角高程测量的主要技术要求

仪器类型	测回数	垂直角较差、指标差较差/(″)	对向观测高差、单向两次高差较差/m	各方向推算的高程较差/m	附合或闭合路线闭合差/m
DJ6	1	≤25	≤0.4S	≤0.2H_c	≤±0.1$H_c\sqrt{n_S}$

注 1. S 为边长（km），H_c 为基本等高距（m），n_S 为边数。

2. 仪器高和觇标高应量至 mm，高差较差或高程较差在限差内时，取其中数。

从式（1-8-4）和式（1-8-5）可以看出，对向观测可以使球、气差的影响基本抵消。但为了检核对向观测的高差是否符合限差要求，在分别计算 h_{AB} 和 h_{BA} 时，仍需加入两差改正数。

独立交会点的高程，可由 3 个已知点的单觇（仅作直觇或反觇）观测测定。例如，后方交会点可由 3 个反觇测定，前方交会点可由 3 个直觇测定。侧方交会高程点的高程，也可由一个已知点的单觇与另一个已知点的直觇、反觇测定。

图根三角高程测量的主要技术要求应符合表 1-8-2 的规定。

五、三角高程测量路线的计算

图根三角高程测量路线计算的目的，是求出路线上各图根点的高程。计算前，首先要检查外业观测手簿，确认无误后才能开始计算。

（一）高差计算

由手簿中查取三角高程路线上各站的竖直角、仪器高、目标高以及从平面图根控制计算成果表中查得相应边的水平距离，填于计算表格中。当对向观测高差的较差在限差范围内时，则按式（1-8-4）计算其平均高差。

（二）高程闭和差的计算与调整

三角高程路线闭和差的计算、调整方法与水准路线高差闭和差的计算与调整基本相同，即

附合三角高程路线闭合差为 $f_h = \sum h - (H_A - H_B)$

闭合三角高程路线闭合差为 $f_h = \sum h$

式中：$\sum h$ 为路线上各站高差总和；H_A 为路线起始点高程；H_B 为路线终端点高程。

当高程闭合差不超过表 1-8-4 的限值时，则按与边长成正比进行调整，其改正值按下式计算：

$$V_{hi} = -\frac{f_h}{\sum S} S_i \qquad (1-8-6)$$

式中：$\sum S$ 为路线上各边水平距离之总长；S_i 为第 i 条边的水平距离。

（三）高程计算

从路线起始点出发，根据改正后的高差，逐点计算各点高程。

【例 1-8-1】 设某测区平面控制网中有一线形锁，如图 1-8-4 所示。A、B 点已由水准测量确定其高程，现选择 $A-1-3-2-4-B$ 为图根三角高程路线，求图根点 1、3、2、4 的高程。

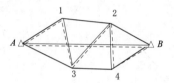

图 1-8-4 图根三角高程路线

【解】 1. 高差计算

高差计算在表 1-8-3 中进行。表中仅列出路线中 $A-1-3$ 的高差计算，$3-2-4-B$ 部分的高差计算从略。

表 1-8-3 　　　　　　　　三角高程路线计算表

所求点	1		3	
起算点	A	A	1	1
觇法	直觇	反觇	直觇	反觇
α	$+4°30'06''$	$-4°18'12''$	$-11°50'18''$	$+12°14'06''$
S/m	375.108	375.108	162.554	162.554
$S\tan\alpha$	$+29.533$	-28.226	-34.073	$+35.249$
i/m	$+1.500$	$+1.400$	$+1.450$	$+1.500$
V/m	-1.800	-2.400	-2.600	-1.500
f/m	$+0.009$	$+0.009$	$+0.002$	$+0.002$
h/m	$+29.242$	-29.217	-35.221	$+35.251$
平均高差/m	29.230		-35.236	

2. 高差改正与高程计算

高差闭合差计算、调整和高程计算在表 1-8-4 中进行。

表 1-8-4 图根三角高程路线高差改正与高程计算表

点号	距离 /m	观测高差 /m	改正数 /m	改正后高差 /m	高程 /m	备注
A					80.120	已知高程
	375.108	+29.230	-0.054	+29.176		
1					109.296	
	162.554	-35.236	-0.024	-35.260		
3					74.036	
	412.580	+18.157	-0.060	+18.097		
2					92.133	
	200.778	-24.278	-0.029	-24.307		
4					67.826	
	130.130	-18.213	-0.033	-18.246		
B					49.580	已知高程
Σ	1381.150	-30.340	-0.200	-30.540		

$$f_h = \sum h - (H_B - H_A) = +0.200(\text{m})$$

$$f_{h限} = \pm 0.1 H_c \sqrt{n_S} = \pm 0.1\sqrt{5} = \pm 0.223(\text{m})(\text{等高距 1m})$$

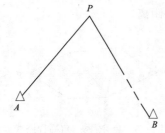

图 1-8-5 独立交会高程点

六、独立交会高程点的计算

独立交会高程点的高差计算方法与上述路线高差计算基本相同。由各已知高程点计算交会点的高程之较差不应超过表 1-8-2 中的规定。

图 1-8-5 所示为用侧方交会测定点 P，现用独立交会高程点计算方法计算 P 点高程。全部计算在表 1-8-5 中进行。

按照直、反觇分别计算出未知点的高程，由于观测误差的存在和其他因素的影响，得到的未知点的高程实际上不一致，如果其互差不超过表 1-8-2 中的规定，可以取平均值作为最终结果。

表 1-8-5 独立交会高程点的计算

所求点	P		
起算点	A	A	B
觇法	直觇	反觇	反觇
α	-23°06′24″	+23°27′24″	+23°42′06″
S/m	362.725	362.725	212.914
Stanα	-154.765	+157.379	+93.470
i/m	+1.250	+1.330	+1.330
V/m	-2.600	2.600	-2.600
f/m	+0.009	+0.009	+0.003
h/m	-156.106	+156.118	+92.203
H_0/m	459.470	459.470	395.590
H/m	303.364	303.352	303.378
$H_{平均}$/m	303.368		
备注	H_0 为已知高程（等高距 1m），高差限差 0.2m		

学习情境2 图根平面控制测量

项目载体

北京×××学校图根平面控制网

教学项目设计

（1）任务分析。各学习小组的测区范围大约为200m×250m，进行平面控制测量是地形图测绘工作必须进行的一项测量工作。测区大部分地势平坦，因此图根平面控制测量采用导线测量是合适的，只有个别地区高差比较大，距离丈量比较困难，可以采用解析交会的方法进行；导线测量路线可以根据实际情况采用闭合导线、附合导线等形式；测区内已有少量的高级控制点可以作为已知点使用。

（2）任务分解。测区内平面控制测量的任务包括已知高级控制点的检查利用和图根平面控制测量两部分。由于各个测区内均有少量的已知高级平面控制点，因此各作业组可以分别独立布设图根导线；该项测量工作的任务可以分解为：角度观测、距离丈量、导线测量、内业计算和解析交会等。

（3）各环节功能。图根导线测量是在测区内建立图根平面控制点的重要手段；角度观测和距离丈量是导线测量的重要环节，是建立测区内全面的图根平面控制网的主要途径；解析交会测量是建立测区内全面的图根平面控制网的补充措施，尤其是对于高差大的地区，这种方法的优势更加明显。

（4）作业方案。测区内平面控制测量的任务包括导线测量和解析交会测量两部分内容，由于各个测区内均有少量的已知高级控制点，所以各作业组作业时可以独立布设以附合导线或闭合导线为主的图根平面控制，图根平面控制网最多发展两级。

（5）教学组织。本学习情景的教学共分为8个相对独立又紧密联系的子学习情境。教学过程中以作业组为单位，每组一个测区，在测区内分别完成角度测量、距离测量、导线测量、图根平面控制测量内业计算和解析交会测量的作业任务。作业过程中教师全程参与指导。每组领用的仪器设备包括经纬仪、测钎、花杆、钢尺、小钢尺、测伞、点位标志、记录板、记录手簿等。要求尽量在规定时间内完成外业作业任务，个别作业组在规定时间内没有完成的，可以利用业余时间继续完成任务。在整个作业过程中教师除进行教学指导外，还要实时进行考评并做好记录，作为学生成绩评定的重要依据。

子学习情境2-1 经纬仪的操作与使用

角度测量是确定地面点位置的基本测量工作之一，包括水平角测量和竖直角测量。测量中常用的测角仪器是经纬仪，它既可以测量水平角，也可以测量竖直角。

一、水平角测量原理

所谓水平角，是指空间两条相交直线在水平面上投影的夹角。如图 2-1-1 所示，地面上有高低不同的 A、B、C 三点。直线 BA、BC 在水平面 H 上的投影为 B_1A_1 与 B_1C_1，其水平角 $\angle A_1B_1C_1$ 即为 BA、BC 两相交直线的水平角，$\angle A_1B_1C_1 = \beta$。

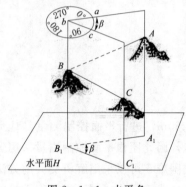

图 2-1-1　水平角

为测量出水平角 β，可在过角顶 B 的铅垂线上任选一点 b，水平安置一度盘，BA 和 BC 两竖直面与度盘水平面交线为 ba 和 bc，则 $\angle abc = \beta$。

水平角的度量，是按照顺时针方向由角的起始边量至终边，水平角值的取值范围为 $0° \sim 360°$。

二、竖直角测量原理

竖直角测量的目的是确定地面点的高程。

竖直角又叫倾斜角，是指在目标方向所在的竖直面内，目标方向与水平方向之间的夹角，例如图 2-1-2 中 BA 方向的竖直角为 α_A，BC 方向的竖直角为 α_C。目标方向在水平方向以上，竖直角为正，叫仰角；目标方向在水平方向以下，竖直角为负，叫俯角。

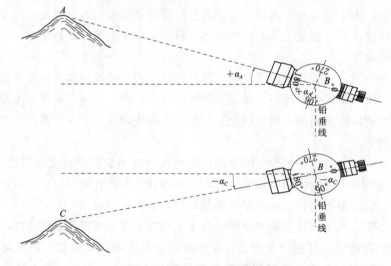

图 2-1-2　竖直角测量原理

竖直角的度量，是从水平视线向上或向下量到照准方向线，角值为 $-90° \sim 90°$。

根据以上分析可知，观测水平角和竖直角的仪器，必须具备下列 3 个主要条件。

(1) 仪器必须能安置在过角顶点的铅垂线上。

(2) 设置一水平圆刻度盘，使其圆心过角顶点的铅垂线，用来确定水平角值。在竖直面内（或平行于竖直面的位置），设置另一竖直刻度盘（简称竖盘），用来确定竖直角值。

(3) 仪器必须有能在水平方向和竖直方向转动的瞄准设备。

一般经纬仪，就是按上述条件制成的测角仪器。经纬仪的类型很多，一般经纬仪按其读数设备分为游标经纬仪、光学经纬仪和电子经纬仪 3 类。游标经纬仪是金属度盘，利用游标原理读数，目前已被光学经纬仪取代。光学经纬仪度盘是用光学玻璃制成的，借助光学透镜和棱镜系统的折射或反射，使度盘上的分划线成像到望远镜旁的读数显微镜中。电子经纬仪是目前最先进的测角仪器，自动化程度比较高。

三、光学经纬仪的一般结构

如图 2-1-3 所示，是北京光学仪器厂生产的一种 DJ6 型光学经纬仪，仪器的最底部是基座。观测时基座固定在三脚架上，不能转动。基座上面能够转动的部分叫作照准部，望远镜是照准部的主要部件，与横轴固连在一起，而横轴安置在支架上。为了瞄准高低不同的目标，横轴可在支架上转动，同时望远镜也随横轴作上下转动。整个仪器照准部由竖轴轴系与基座部分连接，可绕竖轴在水平方向内转动。在横轴与竖轴的转动部分各装有一对制动和微动螺旋，以控制照准部和望远镜的转动。

水平度盘独立安装在竖轴上，照准部转动时，水平度盘一般不动。有的经纬仪装有复测装置，将复测按钮扳下，水平度盘就与照准部脱开；没有复测机构的经纬仪，专门设有一个变换水平度盘位置的手轮，当需要转动度盘时，只要转动手轮就可以拨动水平度盘到达预定的位置。

经纬仪上除了水平度盘外，还在横轴的一端装有一个竖直度盘。当望远镜在竖直面内上下转动时，竖盘跟着一起转动。

观测角度时，为了使竖轴处于铅垂状态、水平度盘处于水平位置，照准部一般装有圆水准器和水准管，用来整平仪器。为了能够按固定的指标位置进行竖盘读数，通常还装有竖盘指标水准管或自动补偿装置。

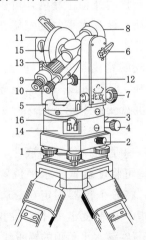

图 2-1-3　DJ6 型光学经纬仪

1—脚螺旋；2—固定螺旋；3—水平制动扳钮；4—水平微动螺旋；5—照准部水准管；6—望远镜制动扳钮；7—望远镜微动螺旋；8—望远镜物镜；9—望远镜目镜；10—读数目镜；11—竖直度盘水准管；12—竖直度盘水准管微动螺旋；13—对光螺旋；14—水平度盘外罩；15—竖直度盘外壳；16—复测扳钮

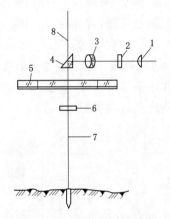

图 2-1-4　光学对中器

1—目镜；2—分划板；3—物镜；4—棱镜；5—水平度盘；6—保护玻璃；7—光学垂线；8—竖轴中心

为使竖轴轴线与所测角度顶点的铅垂线重合，在连接三脚架与基座中心螺旋的正中，装有挂垂球的挂钩；观测水平角时，使所挂垂球对准所测角度顶点的标识中心。有的光学经纬仪装有光学对中器，它是一个小型的外调焦望远镜。当照准部水平时，对中器的视线与光学对中器的分划板中心重合，说明竖轴中心已经位于所测角度顶点的铅垂线上。光学对中器一般装在仪器的照准部上。如图 2-1-4 所示，若地面标志中心与光学对中器分划板中心重合，说明竖轴中心已经位于所测角度顶点的铅垂线上。

国产光学经纬仪是按测角精度分类的，其系列标准为 DJ07、DJ1、DJ2、DJ6 等几种。其中"D"和"J"分别为"大地测量"和"经纬仪"两词的汉语拼音第一个字母，数值为仪器观测一测回方向值的中误差，以 s 为单位，其数字越大，精度越低。普通光学经纬仪的系列标准又可简写为 J2、J6 等。J6 光学经纬仪属中等精度的光学经纬仪，适用于地形测量和一般工程测量。常见的 J6 光学经纬仪，根据度盘读数装置不同，有带尺显微镜装置的光学经纬仪和单玻璃平板光学测微器装置的光学经纬仪两种。

四、度盘和读数设备

（一）带尺显微镜装置的光学经纬仪

1. 基本结构

如图 2-1-3 所示，主要由 3 部分组成。

（1）照准部分。照准部分主要由望远镜、水准管、带尺显微镜装置和竖轴等组成。望远镜是用来精确瞄准目标的，它和仪器的横轴固连在一起，安放在支架上。在测角过程中，望远镜横轴转动时，望远镜视准轴运行的轨迹是一个竖直面，这个竖直面叫作视准面。为控制望远镜上下转动，有望远镜制动螺旋和望远镜微动螺旋。带尺显微镜装置是在度盘上精确读数的设备，通过一系列棱镜的折光，可以在望远镜旁的读数显微镜内看到读数。在照准部安装有水准管，用以整平度盘。照准部下面的竖轴插入筒状的外轴座套内，可以使整个照准部绕仪器竖轴作水平转动。为控制照准部水平方向的转动，设有水平制动螺旋和微动螺旋；另外，为观测竖直角，在仪器横轴的一端，安装有竖直度盘。

（2）水平度盘部分。水平度盘是用光学玻璃制成的精密刻度盘，度盘边缘顺时针有 0°~360° 的分刻度。水平度盘安装在照准部的金属罩内，但它可以不与照准部一起作水平运动。在作水平角观测时，若需要换度盘位置，可拨开度盘变换手轮下的保险手柄，转动变换手轮，将度盘转到所需位置上。

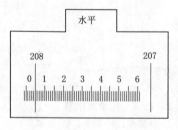

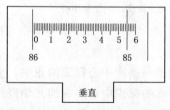

图 2-1-5 带尺显微镜装置的读数方法

（3）基座部分。基座是支撑仪器的底座。其下部装有 3 个脚螺旋，转动脚螺旋可将度盘置于水平位置。基座和三脚架的中心螺旋相连接，将整个仪器固定在三脚架上。中心螺旋下可悬挂垂球，以指示水平度盘的中心位置，并借垂球尖将仪器水平度盘中心安置在该水平角顶的铅垂线上。徐州 J6-2 型光学经纬仪上还装有一个光学对中器。利用光学对中器代替悬挂垂球，其精度高并且减少风吹等对其造成的影响。

2. 带尺显微镜装置的读数方法

盘度上两相邻分划线间弧长所对的圆心角，称为度盘分划值。徐州 J6-2 型光学经纬仪度盘分划值为 1°。小于分划值的读数是用带尺（又称分划尺）读取的。水平度盘都是按顺时针方向注记分划读数的。图 2-1-5 是在读数显微镜内看到的水平度盘和竖直度盘的情况。图中上半部分为水平度盘读数窗，注有"水平"二字；下半部分为竖直度盘读数窗，注有"竖直"二字。上部的 207 及 208，下部的 85 与 86 分别为 207°和 208°，及 85°和 86°。图中 0~6 数字的分划线部分称为带尺，带尺 0~6 的长度恰好与度盘 1°的长度相等。带尺共分 60 个小格，每小格为 1′。度盘不满 1°的角值，可用带尺直读到 1′，估读到 0.1′，即 6″。带尺上 0 线又是指标线。读数时，先读出落在带尺上度盘分划的读数，然后，读出这根分划线在带尺位置上的分数和估读的秒数，度、分、秒读数相加即得全读数。图 2-1-4 中水平度盘读数为 208°05′06″，竖直度盘读数为 85°55′12″。

（二）单玻璃平板光学测微器装置的光学经纬仪

图 2-1-6 为 DJ6-1 型光学经纬仪。这种仪器除读数装置为单玻璃平板光学测微器外，没有度盘变换手轮，而有度盘离合器，用来控制水平度盘和照准部的离合关系。当离合器按钮扳下时，度盘和照准部结合在一起同时转动，读数不发生变动。当离合器按钮扳上时，度盘和照准部分离，照准部转动时，度盘不动，度盘读数发生变化。因此利用度盘离合器，可将度盘安置在观测者所需的读数上。

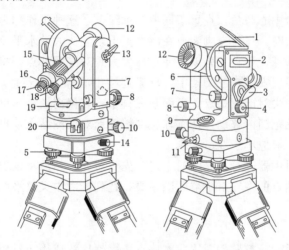

图 2-1-6 单玻璃平板光学测微器装置的光学经纬仪

1—指标水准管反光镜；2—指标水准管；3—度盘反光镜；4—测微轮；5—脚螺旋；6—竖盘；
7—指标水准管微动螺旋；8—望远镜微动螺旋；9—圆水准器；10—水平微动螺旋；
11—水平制动螺旋；12—物镜；13—望远镜制动螺旋；14—轴座固定螺旋；
15—望远镜对光螺旋；16—目镜对光螺旋；17—目镜；18—读数显微镜；
19—水准管；20—度盘离合器

从这种仪器读数显微镜中看到的度盘成像情况如图 2-1-7 所示。图中 3 个窗口中，上窗为测微器读数窗；中窗为竖直度盘读数窗［图 2-1-7（a）］；下窗为水平度盘读数窗［图 2-1-7（b）］。

度盘分划值为 30′，逢度注字。测微器的读数分划共 30 个大格，每个大格为 1′。每大格又分 3 个小格，每个小格代表 20″。测微器上的分划从 0′移到

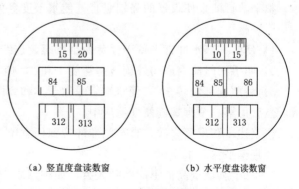

（a）竖直度盘读数窗   （b）水平度盘读数窗

图 2-1-7 读数显微镜的读数窗

43

30′，度盘分划影像恰好移动一格，即 30′。

读数时，先转动测微轮，使指标线被某一度盘分划线平分。然后先读大窗度盘读数，再读测微窗中单线指标所指的分秒数，最后估读不足 20″ 的小值，三者相加即为度盘全读数。图 2−1−6 中水平度盘读数为 312°47′00″，竖直度盘读数为 85°11′20″。

子学习情境 2−2 水平角观测

一、测回法水平角观测

（一）经纬仪的安置和瞄准

用经纬仪观测水平角时，必须首先在欲测的水平角顶点安置经纬仪。安置仪器包括对中和整平两项内容。仪器安置好后，即可进行观测。

1. 对中

使经纬仪水平度盘中心与角顶点置于同一铅垂线上，这种工作称为对中。欲观测水平角的顶点称为测站。对中时，先将三脚架放在测站点上，架头大致水平，高度适中；再在连接中心螺旋的钩上悬挂垂球，移动三脚架，使垂球尖大致对准测站点，将三脚架的各脚稳固地插入地中；然后将经纬仪安装在三脚架上，旋紧连接中心螺旋。若垂球尖偏离测站点较大，则需平移脚架，使垂球尖对准测站点，再踩紧三脚架；若偏离较小，可略松连接螺旋，将仪器在三脚架头上的圆孔范围内移动，使垂球尖端精确地对准测站点，再拧紧连接螺旋。在地形测量中，对中误差一般应小于 3mm。

对中也可用光学对中器进行。光学对中时，先要对光，然后将仪器在架头上平移，交替对中和整平，直至测站点的像在对中器圆圈中央，达到既对中又整平的目的；最后将中心连接螺旋拧紧。

对中时应注意：

（1）打开三脚架后，应拧紧架腿固定螺旋；三脚架应约成等边三角形；安置脚架前要了解所观测的方向，避免观测时跨在架腿上。

（2）在地面坚硬的地区观测时，脚架应用绳子绑住或用石头等物顶住，防止脚架滑动。

（3）对中后，必须重新检查中心螺旋和脚架固定螺旋是否拧紧。

（4）脚架高度要适当，脚架跨度也不要太大，以便观测并保证仪器安全。

2. 整平

整平的目的是使仪器的竖轴竖直，使水平度盘处于水平位置。

（1）整平的步骤。

1）使照准部水准管平行于任意两个脚螺旋连线方向，如图 2−2−1（a）所示。

2）两手同时向内或向外旋转脚螺旋 1 和 2，使气泡居中。

3）将照准部旋转 90°，使水准管垂直于 1 和 2 两脚螺旋连线方向，如图 2−2−1（b）所示，然后用第三个脚螺旋使气泡居中。

依上述步骤反复多次，直至照准部转到任意位置，气泡偏离中央均不超半格为止。

（2）整平注意事项。

1）三个脚螺旋高低不能相差太大，如脚螺旋因高低相差太大而移动不灵，或已经旋转到极限而气泡仍然无法居中时，不得再用力转动，应重新调整架头的水平，再进行对中

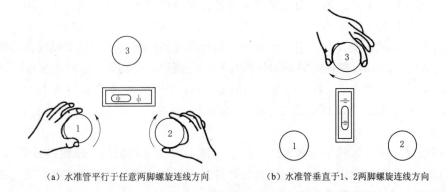

（a）水准管平行于任意两脚螺旋连线方向　　　（b）水准管垂直于1、2两脚螺旋连线方向

图 2-2-1　经纬仪精确整平

整平。

2）当仪器转动90°后，只能转动第三个脚螺旋使气泡居中，不能同时转动第三个和前两个脚螺旋中的任一个。

对中和整平往往互相影响，尤其是使用光学器时，必须反复进行，直至两个目的同时达到为止。

3．使用光学对中器作经纬仪的对中和整平

使用光学对中器作经纬仪时，对中和整平的具体操作如下：固定三脚架的一条腿于适当位置，两手分别握住另外两条腿。在移动这两条腿的同时，从光学对中器中观察，使对中器对准标志中心。此时脚架顶部并不水平，调节三脚架的伸缩连接处，使脚架顶部大致水平（若经纬仪带有圆水准器，可使其气泡居中）。其现象可做如下分析：图 2-2-2（a）中的 A、B、C 三点为三脚架支于地面的三个点，在支于 C 点的三脚架腿伸长时，经纬仪的运动将以 AB 连线为轴旋转。当脚架顶面大致水平时，倾斜的光学垂线将基本位于铅垂位置。图 2-2-

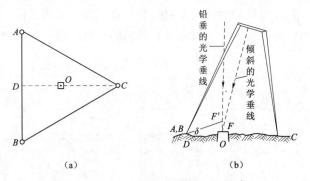

图 2-2-2　光学对中器对中原理

2（b）倾斜光学垂线与地面标志的重合点 F 亦将旋转至 F′ 位置。由于 DF′ 的长度等于 DO 的长度，故铅垂位置的光学垂线将不再通过 O 点，而与 O 点相差一个距离 d。设 ABC 构成等边三角形，且边长为1m，则 $DO=DF'=0.4m$。此时 d 可用式（2-2-1）求得

$$d=DO(1+\cos\delta) \tag{2-2-1}$$

式中：δ 为调整 C 点脚架长度时仪器偏转的角度，°。当 δ＝10° 时，d＝6mm。可见，整个仪器的对中状态变化并不大。

脚架顶部大致水平之后，即可用脚螺旋调平水准管整平仪器。经检查，若对中器十字丝已偏离标志中心，则平移（不可旋转）基座使之精确对中；再检查整平是否已被破坏，若已破坏则用脚螺旋整平。此两项操作应反复进行，直到用水准管整平了仪器，而光学垂线仍对准标志为止。

由于结构和操作上的原因，用光学对中器进行经纬仪对中的精度约为 1～2mm，显然高于用垂球对中的精度。

当三脚架顶部倾斜较大时，用垂球对中的精度将受到一定的影响。设经纬仪基座脚螺旋伸长长度之差有 10mm，则此时三脚架顶部与平面的倾斜角约为 δ。这时连接经纬仪的中心螺旋也偏离竖直位置约为 δ。设中心螺旋长为 50mm，则螺旋上下两端在水平方向上将相差 5mm。实际上这就是由脚架顶面不水平而产生的对中误差。

4. 瞄准

调节目镜使十字丝达到最清晰，然后用望远镜上的准星和照门（或粗瞄准器），先从镜外找到目标，当在望远镜内看到目标的像后，拧紧水平制动螺旋；消除视差，最后调节水平微动螺旋，用十字丝精确瞄准目标。

进行水平角观测时，应尽量瞄准目标底部，如图 2-2-3 所示。当目标较近，成像较大时，用十字丝竖丝单丝平分目标；当目标较远，成像较小时，可用十字丝竖丝与目标重合或将目标夹在双竖丝中央。

（二）测回法水平角观测步骤

水平角的观测方法一般根据目标的多少而定。常用的有测回法和方向观测法两种。本学习情境介绍测回法，测回法只适用于观测两个目标方向的单角。如图 2-2-4 所示，设要测的水平角为 ∠AOB，先在 A、B 两点竖立标杆，经纬仪安置在测站 O 上，分别照准 A、B 两点的目标并进行读数，两读数之差即为水平角 ∠AOB 的角值。但为了消除经纬仪的某些误差，一般需从盘左及盘右两个位置进行观测。所谓盘左，即观测者对着望远镜的目镜时，竖直度盘处于望远镜左侧时的位置，盘左又叫正镜。所谓盘右，即观测者对着望远镜的目镜时，竖直度盘处于望远镜右侧时的位置，盘右又叫倒镜。

 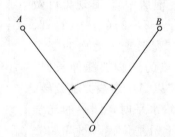

图 2-2-3　瞄准目标底部　　图 2-2-4　两个目标方向的单角

测回法的观测步骤如下：

1. 盘左位置

（1）松开照准部和望远镜的制动螺旋，转动照准部，由望远镜上方通过照门和准星观察，粗略瞄准目标 A，拧紧照准部和望远镜制动螺旋。仔细对光，用望远镜与照准部的微动螺旋，精确瞄准目标 A，读取水平度盘读数，设为 $a_左$，记入观测手簿，如表 2-2-1 中 0°01′12″。

（2）松开照准部和望远镜制动螺旋，顺时针转动照准部，用同样方法瞄准右目标 B，读、记水平度盘读数 $b_左$（84°27′36″）。

表 2-2-1 测回法水平角观测手簿

测站	盘位	目标	水平度盘读数			半测回角值			平均角值			各测回平均方向值			备注
			(°)	(′)	(″)	(°)	(′)	(″)	(°)	(′)	(″)	(°)	(′)	(″)	
O	盘左	A	0	01	12	84	26	24	84	26	27	84	26	18	一测回
		B	84	27	36										
	盘右	A	180	01	30	84	26	30							
		B	264	28	00										
O	盘左	A	90	01	18	84	26	06	84	26	09				二测回
		B	174	27	24										
	盘右	A	270	01	24	84	26	12							
		B	354	27	36										

以上两步称上半测回，测得角值为

$$\beta_左 = b_左 - a_左$$

2. 盘右位置

（1）松开照准部和望远镜制动螺旋，倒转望远镜，逆时针方向转动照准部，瞄准 B 点，读、记水平度盘读数 $b_右$（264°28′00″）。

（2）再松开照准部和望远镜制动螺旋，逆时针方向转动照准部，瞄准 A 点，读、记水平度盘读数 $a_右$（180°01′30″）。

以上两步称下半测回，又测得 $\angle AOB$ 角值为

$$\beta_右 = b_右 - a_右$$

上、下两个半测回构成一测回。当两个半测回角值之差不超过规定时，则取它们平均值作为一测回的最后角值，即 $\beta = (\beta_左 + \beta_右)/2$。测角精度要求较高时，需要观测几个测回。为减小水平度盘刻划不均匀造成的误差，在每一测回观测之后，要根据测回数 n，将度盘读数改变 $180°/n$，再开始下一回的观测。为便于计算，通常在瞄准第一个方向时，把度盘配置在 $0°00′$ 或稍大于 $0°00′$ 的位置。如果需要观测两测回时，则 $n = 2$，每一测回与第一个方向（又称起始方向）之差为 $180°/2 = 90°$，即两个测回的起始方向读数应依次配置在 $0°00′$，$90°00′$ 或稍大的读数处，表 2-2-1 为测回法两测回观测水平角的记录格式。

（三）测回法水平角观测限差

用测回法观测时，通常有两项限差，一是两个半测回角值之差；二是各测回角值之差。这两项限差在测量有关规范中，根据不同要求，对其都有明确规定。用 J6 型经纬仪，在进行图根水平角观测时，第一项限差为 ±35″，第二项限差为 ±25″。

二、方向观测法水平角观测

方向观测法适用于在一个测站上，有两个以上的观测方向时，需要测量多个角的情况。如图 2-2-5 所示，测站 O 上有 4 个方向，即 OA、OB、OC、OD。其观测步骤、记录与计算方法如下所述。

（一）观测步骤

（1）在测站 O 上安置仪器并对中、整平。

（2）盘左位置观测（上半测回）。将水平度盘安置在 $0°01′$ 左右读数处。先选择一明显目

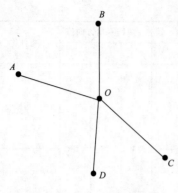

图 2-2-5 方向观测法

标作为起始方向，如以 A 为起始方向。再按顺时针方向依次观测 B、C、D 各方向，并将各方向的水平度盘读数依次记入观测手簿（表 2-2-2）中。若方向数超过 3 个，还要继续顺时针方向转动经纬仪照准部，照准起始方向 A，再读一次水平度盘读数并记入观测手簿，该次观测称为"归零"。归零的目的是检查观测过程中水平度盘是否发生变动。上述全部工作称为上半测回。

（3）盘右位置观测（下半测回）。倒转经纬仪望远镜，使其变成盘右位置，逆时针方向照准 A、D、C、B、A，读数并记录，这叫作下半测回。上、下两个半测回，合起来叫作一测回；当一个测回不能满足测量精度的要求时，应进行多个测回的观测，最后取多个测回观测成果的平均值作为最终成果，表 2-2-2 为两个测回的方向观测法手簿的记录和计算实例。

表 2-2-2　　　　　　　　　　水平角观测手簿（方向观测法）

测站：O　　　　　　观测日期：　　　　　　　观测者：　　　　　　记录者：

照准目标	读数/(° ′ ″)		左－右（2c）/(″)	$\frac{左+右}{2}$ /(″)	方向值 /(° ′ ″)	各测回平均方向值 /(° ′ ″)
	盘左	盘右				
A	0　02　36	180　02　42	−06	39	0　00　00	0　00　00
B	70　23　36	250　23　42	−06	39	70　21　05	70　21　00
C	228　19　24	48　19　30	−06	27	228　16　53	228　16　48
D	254　17　54	74　17　54	00	54	254　15　20	254　15　16
A	0　02　30	180　02　30	00	30		
	归零差：		Δ左＝−06″	Δ右＝−12″		
A	90　03　12	270　03　18	00	15	0　00　00	
B	60　24　06	340　24　12	−06	09	70　20　55	
C	318　20　00	138　19　54	＋06	57	228　16　43	
D	344　18　30	164　18　24	＋06	27	254　15　13	
A	90　03　18	270　03　06	＋06	12		
	归零差：		Δ左＝＋06″	Δ右＝−12″		

（二）外业观测手簿的记录与计算

（1）$2c$ 值的计算：盘左读数－盘右读数$\pm 180°$。

（2）一测回平均方向值的计算：（盘左读数＋盘右读数）/2。

（3）归零后方向值的计算：零方向平均方向值有两个，取其平均值作为最后平均值。设起始方向值为 $0°00'00''$，其他平均方向值减去零方向最后平均值作为归零后方向值。

三、方向观测法限差

（1）半测回归零差：即在半测回中两次瞄准起始方向的读数之差。用 J6 型光学经纬仪进行图根控制测量的水平角观测时，半测回归零差一般不得大于$\pm 25''$。

（2）2c 互差：即用 J6 型光学经纬仪进行图根控制测量的水平角观测时，2c 变动范围（即最大值与最小值之差）不得大于 $\pm 35''$。

（3）各测回方向值之差：即各测回中同一方向归零后的平均方向值之差。用 J6 型光学经纬仪进行水平角观测时，若需观测两个测回，则两测回方向值之差不得超过 $\pm 25''$。

上述 3 项限差在有关规程中均有规定，在观测时可以按照这些限差值检查、核对观测成果，超限时应重测或补测。

四、水平角观测时的注意事项

测回法、方向法水平角观测有时候需要采用几个测回观测，各个测回要在度盘的不同位置上进行，其度盘变换数值按 $180°/n$ 计算。如观测 3 个测回，度盘起始读数应为 0°、60°、120°。

用经纬仪观测水平角时，往往由于疏忽大意而产生粗差，如测角时仪器对中不正确、望远镜瞄准目标不正确、读错度盘读数、记录错误或扳错复测按钮等。因此，在测角时必须注意以下几点：

（1）仪器高度要适中，脚架要踩稳，仪器要牢固，观测时不要用手扶三脚架；转动仪器和使用仪器时用力要轻。

（2）在观测高低相差比较大的两个目标时，要特别注意整平。

（3）对中要正确，这与测角精度、边长有关。测角精度要求越高，边长越短，对中要求越严格。例如，边长 100m，由于对中偏差为 5mm，则对观测方向的影响约为 $10''$；当边长为 20m 时，则对观测方向的影响增大为 $50''$。

（4）照准目标时，要尽量用十字丝交点瞄准花杆或桩顶小钉。

（5）用方向观测法正、倒镜观测同一角度时，由于先以正镜观测左目标 A，再按顺时针方向观测右目标 B；倒镜时则先观测右目标 B，再按逆时针方向观测左目标 A；所以记录时正镜位置要由上往下记，倒镜位置要由下往上记。

（6）记录要清晰、端正，不允许涂改。如发现错误或超限，应重新测量。

（7）水平角观测过程中，不得再调整仪器的水平度盘、水准管。如发现气泡偏离中央超过了 1 格，应停止观测，重新整平仪器，再进行观测。

子学习情境 2-3　经纬仪的检验与校正

经纬仪各个主要部件的轴线（视准轴、水准轴、水平轴、竖轴）之间，必须满足一定的几何条件，才能测得精确的结果，这在仪器出厂时经过检校已得到满足。但是，由于仪器在使用过程中受磨损、震动等因素的影响，这些几何关系可能会产生变化，故在使用前必须再次进行仪器的检验和校正。

一、经纬仪的主要几何轴线及其相互关系
经纬仪的主要几何轴线及其相互关系如图 2-3-1 所示。

1. 经纬仪的主要几何轴线
（1）水准管轴：照准部水准管轴，以 LL 表示。
（2）竖轴：仪器旋转轴，以 VV 表示。

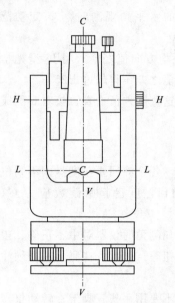

图 2 - 3 - 1　经纬仪主要轴线

（3）视准轴：望远镜视准轴，以 CC 表示。

（4）横轴：望远镜旋转轴，以 HH 表示。

2. 经纬仪各主要几何轴线应满足的相互关系

（1）水准管轴应垂直于竖轴（$LL \perp VV$）。

（2）视准轴应垂直于横轴（$CC \perp HH$）。

（3）横轴应垂直于竖轴（$HH \perp VV$）。

由于仪器在出厂时，已严格保证水平度盘与竖轴的垂直，故当竖轴处于铅垂位置时，水平度盘即处于水平状态。竖轴的铅垂位置是利用照准部水准管气泡居中，即水准管轴水平来实现的。满足了 $LL \perp VV$，就能使竖轴铅垂，水平度盘处于水平位置。

$CC \perp HH$ 和 $HH \perp VV$ 的目的在于保证得到竖直的视准平面。$CC \perp HH$ 时，视准面为一平面，否则，视准面就成了两个对顶的锥面；$HH \perp VV$ 时，视准平面为竖直的平面，否则就成为一倾斜的平面。

J6 型光学经纬仪除了其主要几何轴线需满足上述要求外，为了便于在观测水平角时用竖丝去瞄准目标，还要求十字丝竖丝垂直于横轴。另外，在作垂直角观测时，为了计算上的方便，应使竖盘指标差接近于零。

二、经纬仪的检验与校正

进行经纬仪的检验时，首先应进行仪器的外观检视，也就是检查仪器外观的状况，通过检查确认仪器及其附件状况完好无损后，才可以进行如下几项检验与校正。

（一）水准管轴应垂直于竖轴的检验与校正

1. 检验

将经纬仪按常规方法整平，然后使照准部水准管平行于一对脚螺旋的连线，调节这两个脚螺旋，使水准管气泡严格居中；再将仪器旋转 180°，观察气泡位置。若气泡仍居中，则表明满足这项要求，否则应校正。

2. 校正

当气泡不居中时，转动脚螺旋，使气泡退回偏离中心的一侧，然后用校正针拨动位于水准管一端的校正螺丝，使气泡居中。

这项检验校正需反复进行，直至水准管气泡偏离零点不超过半格为止。

3. 原理

水准管轴不垂直于竖轴，是由于水准管两端支架不等高而引起的。当两端不等高而气泡居中时，如图 2 - 3 - 2（a）所示，水准管轴虽然水平，但度盘并不水平，水准管轴与度盘相交

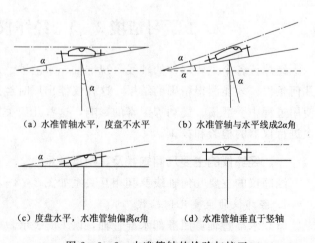

（a）水准管轴水平，度盘不水平　　（b）水准管轴与水平线成2α角

（c）度盘水平，水准管轴偏离α角　　（d）水准管轴垂直于竖轴

图 2 - 3 - 2　水准管轴的检验与校正

成 α 角，当照准部旋转 180°，水准管气泡发生偏移，如图 2-3-2（b）所示，此时竖轴方向不变仍偏 α 角，但水准管两端支架却换了位置，水准管轴与度盘仍夹 α 角，但水准管轴与水平线间却夹了 2 倍 α 角。2α 角的大小，表现为照准部旋转 180°后气泡偏离的格数；转动脚螺旋使气泡向中央移动偏离格数的一半，如图 2-3-2（c）所示，此时竖轴已竖直，水平度盘已呈水平状态，但水准管轴仍偏离 α 角，还未与竖轴垂直；用校正针拨动水准管的校正螺丝，使气泡居中，此时水准管两端支架等高，从而满足了要求，如图 2-3-2（d）所示。

这项校正比较精细，每次调整气泡的移动量往往难以控制，所以此项检验校正须反复进行，直至满足要求为止。

（二）十字丝竖丝应垂直于横轴的检验与校正

1. 检验

整平仪器，用十字丝竖丝最上端精确对准远处一明显目标点，固定水平制动螺旋和望远镜制动螺旋，徐徐转动望远镜微动螺旋，若目标点始终不离开竖丝，说明此条件满足；否则应校正。

2. 校正

与水准仪横丝垂直于竖轴的校正方法类似，不过此处是校正竖丝的位置。

（三）视准轴应垂直于横轴的检验与校正

1. 检验

（1）整平仪器，使望远镜大致水平，盘左位置瞄准一目标，读得水平度盘读数 M_1。

（2）倒转望远镜，以盘右位置瞄准原目标，读得水平度盘读数 M_2，若 $M_1 = M_2 \pm 180°$，则表示条件满足。当 $M_1 - (M_2 \pm 180°)$ 的绝对值大于 1′时，则应予以校正。

2. 校正

（1）计算盘右位置观测原目标的正确读数 M'，即

$$M' = [M_2 + (M_1 \pm 180°)]/2$$

（2）对于进行检验时的盘右位置，转动照准部水平微动螺旋，使水平度盘读数指标在 M' 的读数上。这时，望远镜十字丝竖丝必偏离目标。

（3）拨动十字丝环的左右两个校正螺丝，松开一个，拧紧一个，推动十字丝环，直至十字丝竖丝对准原目标，这项检验与校正也须反复几次，直到满足要求为止。

3. 原理

视准轴不垂直于横轴，是由于十字丝交点位置不正确引起的。如图 2-3-3 所示，K 点为十字丝交点的正确位置，视准轴垂直于横轴 HH。当经纬仪以盘左位置瞄准同高目标时，水平度盘读数指标在左，读数为 M；以盘右位置瞄准时，读数指标在右，读数为 M'，两读数相差 180°，即

$$M - M' = \pm 180°$$

若视准轴不垂直于横轴，在盘左位置，十字丝交点偏到 K' 点（比正确的 K 点偏右），视准轴偏斜了一个小角度 c，c 称为视准误差。若用此偏斜的视准轴瞄准同一

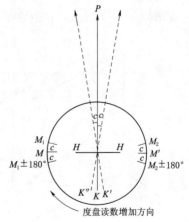

图 2-3-3　视准轴不垂直于横轴的检验

点 P 时，望远镜带着照准部必须沿水平度盘顺时针多旋转一个小角度 c，这样，M_1 读数比正确的读数 M 就增大了一个 c 角，即

$$M_1 = M + c$$

在盘右位置，原盘左时的 K' 点，转到正确的 K 点左边 K'' 点位置，用它瞄准原 P 点时，望远镜带着照准部必须沿水平度盘逆时针多旋转一个小角度 c，此时度盘读数 M_2 比正确读数 M' 少了一个 c 角，即

$$M_2 = M' - c$$

由图 2-3-3 可以看出

$$M = M_1 - c$$
$$M \pm 180° = M' = M_2 + c$$

盘左时的正确读数应为

$$M = \frac{M_1 + (M_2 \pm 180°)}{2} \tag{2-3-1}$$

盘右时的正确读数应为

$$M = \frac{(M_1 \pm 180°) + M_2}{2} \tag{2-3-2}$$

同时还可以由图看出

$$M_1 - (M_2 \pm 180°) = 2c \tag{2-3-3}$$

及

$$(M_1 \pm 180°) - M_2 = 2c \tag{2-3-4}$$

由此，可得出结论：

(1) 盘左和盘右读数不相差 180°，即有 2 倍视准误差存在。

(2) 在盘右位置进行校正时，需先按式（2-3-2）计算得出正确读数 M'。

(3) 用盘左盘右两个位置观测同一目标，取其平均值作为该方向一测回的方向值，可消除视准误差的影响。

（四）横轴应垂直于竖轴的检验与校正

1. 检验

如图 2-3-4 所示，在距墙壁 10～20m 处安置经纬仪。

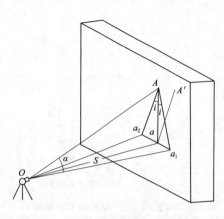

图 2-3-4　横轴不垂直于竖轴的检验

（1）盘左位置先用望远镜瞄准墙壁高处一明显目标点 A，固定照准部，将望远镜往下放平，在墙上标出点 a_1。

（2）盘右位置先用望远镜瞄准 A 点，固定照准部，再放平望远镜，依十字丝交点标出 a_2，若 a_2 与 a_1 不重合，则说明横轴不垂直于竖轴，不能满足该项关系；若 a_1 与 a_2 能重合，则表明该关系满足。横轴不垂直于竖轴的误差 i 称为横轴误差。由图 2-3-4 可知

$$\tan i = \frac{a_1 a}{Aa}$$

设仪器距墙壁的距离 $S = Oa$，$a_1 a_2 = \Delta$，瞄准 A 点时的竖直角为 α，则

$$a_1 a = \Delta / 2, Aa = Oa \cdot \tan\alpha = S \cdot \tan\alpha$$

因 i 很小，故

$$i = \frac{a_1 a}{Aa} \cdot \rho'' = \frac{\Delta}{2} \cdot \frac{1}{S \cdot \tan\alpha} \cdot \rho'' = \frac{\Delta \cot\alpha}{2S} \cdot \rho'' \qquad (2-3-5)$$

例如，当 $\Delta = 5\text{mm}$，$S = 15\text{m}$，$\alpha = 20°$ 时，$i = (5 \times \cot 20°) \times 206265 / (2 \times 15000) = 41''$，J6 型经纬仪的 i 角大于 $30''$ 时，必须进行校正。

2. 校正

（1）取 a_1 与 a_2 的中点 a，用十字丝中心瞄准 a。

（2）将望远镜徐徐上仰，十字丝中心必不通过 A 点而移至 A' 点。将横轴的一端升高或降低，使十字丝对准 A 点。

由于光学经纬仪的横轴是密封的，为了不破坏它的密封性能，作业人员在野外一般只进行检验。又由于近代光学经纬仪在加工制造时，一般都能保证横轴与竖轴的垂直关系，经作业人员野外检验确实需校正时，通常由仪器检验专业人员用工具在室内进行。

横轴误差 i 的影响，亦可用正倒镜观测取中数的方法予以消除。

（五）竖盘指标差应为零的检验与校正

1. 检验

安置经纬仪并瞄准一明显目标，用前述竖直角观测的方法测量其竖直角一测回，算出指标差 i。对于 J6 型光学经纬仪，当计算出来的 i 的绝对值大于 $1'$ 时，则需进行校正。

2. 校正

（1）根据检验时的读数 L 或 R 以及计算出的 i 值，计算盘左时的正确读数 L_0 或盘右时的正确读数 R_0。

由式（1-7-3）、式（1-7-4）有

盘左 $\qquad\qquad\qquad\qquad \alpha = 90° - (L - i)$

盘右 $\qquad\qquad\qquad\qquad \alpha = (R - i) - 270°$

式（1-7-3）、式（1-7-4）右边的 $90°$、$270°$ 为特殊值（常数），括号内的代数和表示盘左的正确读数 L_0 和盘右时的正确读数 R_0，即

$$L_0 = L - i \qquad (2-3-6)$$
$$R_0 = R - i \qquad (2-3-7)$$

（2）以盘右（或盘左）位置，瞄准原检验时的目标，转动竖盘指标水准管微动螺旋，使指标对准盘右正确读数 R_0（或盘左正确读数 L_0）。此时，指标水准管气泡必不居中，用校正针拨动指标水准管的上、下校正螺丝，使气泡居中。

此项校正也要反复进行，直至指标差不超过规定范围为止。

子学习情境 2-4 距 离 测 量

距离测量工作是测量地面两点间的水平距离，这是测量工作的重要内容之一。水平距离就是指通过这两点的铅垂线分别将两点投影到参考椭球面（在半径小于 10km 范围可视为平面）上的距离。

测量距离可根据不同的要求、不同的条件（仪器及地形）采用不同的方法。在施工场地，用尺子直接测量距离称为距离丈量。也可利用光学仪器的几何关系间接测量距离。近代由于电子技术的发展，越来越多地应用光电测距技术来测量距离。在此，将主要学习测量距离的方法及其精度要求。

一、地面点的标志和直线定线

（一）地面点的标志

要测量地面上两点之间的距离，就需要用标志先将地面点标示在地面上。

固定点位的标志种类很多，根据用途不同，可用不同的材料加工而成。在地形测量工作中，常用的有木桩、石桩及混凝土桩，如图 2-4-1 所示。标志的选择，应根据对点位稳定性、使用年限的要求以及土壤性质等因素决定，并以节约的原则，尽量做到就地取材。临时性的标志可以用 30cm 长、顶面 4～6cm 见方的木桩打入地下，并在桩顶钉以小钉或划一个十字表示点的位置，桩上还要进行编号。如果标志需要长期保存，可用石桩或混凝土桩，在桩顶预设瓷质或金属的点位标志来表示点位。

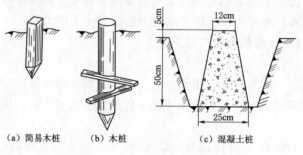

（a）简易木桩 （b）木桩 （c）混凝土桩

图 2-4-1 地面点的标志

在测量时，为了使观测者能在远处瞄准点位，还应在点位上竖立各种形式的觇标。觇标的种类很多，常用的有测旗、花杆、三角锥标、测钎等（图 2-4-2）。地形测量中常用的

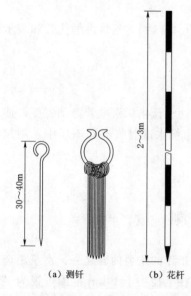

（a）测钎 （b）花杆

图 2-4-2 觇标的类型

是长 2～3m、直径 3～4cm 的木质花杆，杆上用红白油漆涂成 20cm 间隔的花纹，花杆底部装有铁足，以便准确的立在标志点上。立花杆时，可以用是细铁丝或线绳将花杆沿三个方向拉住，将花杆固定在地面上。

（二）直线定线

若两点间距离较长，一整尺不能量完，或由于地面起伏不平，不便用整尺段直接丈量时，就需在两点间加设若干中间点，将全长分为几小段。这种在某直线段的方向上确定一系列中间点的工作，称为直线定线。

直线定线在一般情况下可用目估的方法进行。在精度要求比较高的量距工作中，应采用经纬仪定线。

1. 目估定线法

如图 2-4-3 所示，若要在互相通视的 A、B 两点间定线，需先在 A、B 点上竖立花杆，然后由一测量员站在 B 点花杆后 1～2m 处，使一只眼的视线与 A、B 点上的

花杆同侧边缘相切。另一测量员手持花杆（或测钎）由 B 走向 A 端，首先在距 B 点略短于一整尺段处，依照 A 点测量员的指挥，左右移动花杆（或测钎），使之立在 AB 方向线上，然后插住花杆得出 1 点。同法可定出 2、3、$\cdots$、n 点。标定的点数主要取决于 AB 的长度和所用钢尺的长度。这种从远处 B 点走向 A 点的定线方法称走近定线；反之，由近端 A 点走向远端的定线，称走远定线。定线完毕即可量距。

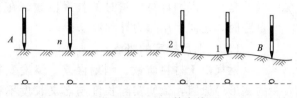

图 2-4-3 目估定线

2. 经纬仪定线法

当测角量边同时进行时或者距离丈量的精度要求比较高时，可直接用经纬仪定线。如图 2-4-4 所示，仪器安置在 B 点后，瞄准 A 点，然后固定仪器照准部，在望远镜的视线上，用花杆、测钎或支架垂球线定出 1、2、$\cdots$、n 点。

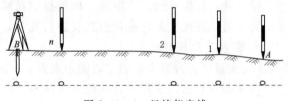

图 2-4-4 经纬仪定线

二、距离丈量的工具和钢尺检定

（一）钢尺量距工具

用于直接丈量距离的工具，有钢卷尺、皮尺等。这里介绍的是钢尺量距时所用的钢卷尺及其辅助工具。

钢卷尺又叫钢尺，有架装和盒装两种，如图 2-4-5 所示。钢尺宽度 1～1.5cm，整钢尺长有 20m、30m、50m 等几种。

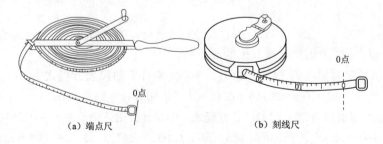

（a）端点尺　　　　　　（b）刻线尺

图 2-4-5 端点尺与刻线尺

钢尺依 0 点位置的不同，有端点尺和刻线尺两类。端点尺是以尺端扣环作为 0 点，如图 2-4-5（a）所示。刻线尺则是以钢尺始端附近的零分划线作为 0 点，如图 2-4-5（b）所示。

钢尺上最小分划值一般为1cm，而在0端第一个10cm内，刻有毫米分划。在每1m和每10cm的分划处都注有数字。

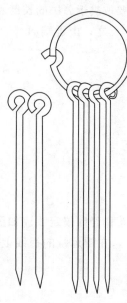

图2-4-6 测钎

钢尺量距的辅助工具有测钎（图2-4-6）、标（花）杆［图2-4-2（a）］、拉力计和垂球等。测钎是用约30cm长的粗铁丝制成的，一端磨尖以便插入土中。在量距时，测钎用来标志所量尺段的起、止点和计算已量过的整尺段数。在进行比较精确的钢尺量距时，还需使用拉力计和温度计。

（二）钢尺检定的概念

钢尺由于材料质量、刻划误差、温度变化以及经常使用造成的变形等原因，致使实际长度与名义长度不符；所以在量距前必须对钢尺进行检定工作，以便在丈量结果中进行尺长改正。

通过钢尺的名义长度与标准长度的比较，求出它的实际长度与名义长度之间的关系，这项工作叫作钢尺检定。钢尺检定又称钢尺比长，通常在比长台上进行。比长台是在平坦的地面上，按照一定的间距埋设固定的标志。用精确的标准尺精确丈量出标志间长度，当作真长。检定时，用待检钢尺精确丈量比长台两标志间距离，将此结果与比长台真长进行比较，求出该钢尺的改正数 Δl 值及其尺长方程式。

设用高精度的一级线纹尺丈量比长台两个标志中心的距离为 L（误差很小，可以看作真长），钢尺检定时用钢尺精密丈量比长台两个标志之间的距离得到丈量结果 L'，则被检定的钢尺整尺改正数为 $L-L'$；显然被鉴定钢尺每1m的改正数为 $L-L'/L'$。若被鉴定钢尺的名义长度为 l_0，则被鉴定的钢尺改正数为

$$\Delta l=\frac{L-L'}{L'}l_0 \tag{2-4-1}$$

被鉴定钢尺的实际长度为 $\qquad L_0=l_0+\Delta l$

例如，某学校50m钢尺比长台的实际长度 $L=49.7986m$，以名义长 $l=50m$ 的钢尺多次丈量比长台两标志之间的距离，求得平均长度 $L'=49.8102m$，检定时拉力为100N，温度为14℃。在此条件下，钢尺尺长改正数 $\Delta l'=L-L'=-0.0116m$，则一整尺长（50m）的尺长改正数为

$$\Delta l=[(L-L')/L']\times50=-0.0116(m)$$

其中 $(L-L')/L'$ 为钢尺每米长度的改正数。

由此，得出检定时温度为14℃，拉力为100N条件下的尺长方程式为

$$lt=50-0.0116+0.0000125\times50\times(t-14℃)(m)$$

若要改化成检定温度为20℃时的尺长方程式，则须计算出该钢尺在 $t=20℃$ 时的实际长度为

$$lt=50-0.0116+0.0000125\times50\times(20℃-14℃)=50-0.0079(m)$$

显然，在 $t=20℃$ 条件下，钢尺的 $\Delta l=-0.0079m$，则该钢尺的尺长方程可写为

$$lt=50-0.0079+0.0000125\times50\times(t-20℃)(m)$$

三、钢尺量距和距离改正

直线丈量的目的在于获得直线的水平距离，也就是直线在水平面上投影的长度。根据测

区地面坡度的大小，可分为平坦地面和倾斜地面丈量两种情况。

（一）在平坦地面丈量直线距离

1. 整尺法

如图 2-4-7 所示，A、B 为直线两端点，因地势平坦，可沿直线在地面直接丈量水平距离。丈量前若在 A、B 间已定好线，则用钢尺依次丈量各中间点间的距离；若未定线，也可采用边定线边丈量的方法量距，具体步骤如下。

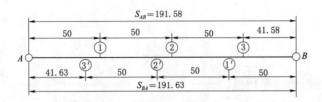

图 2-4-7 整尺法丈量直线距离

（1）后拉尺人（简称后尺手）站在 A 点后面，手持钢尺的 0 端。前拉尺人（简称前尺手）手持钢尺的末端并携带一束测钎和一根花杆，沿 AB 方向前进，走到一整尺段长时，后尺手和前尺手都蹲下，后尺手将钢尺 0 点对准起点 A 的标志，前尺手将钢尺贴靠定线时的中间点，两人同时将尺拉紧、拉平和拉直。当尺稳定后，前尺手对准钢尺终点刻划，在地上竖直插一根测钎（图 2-4-7 中的 1 点），并喊"好"，这样就丈量完了一整尺段。

（2）前、后尺手抬尺前进，后尺手走到 1 点，然后一起重复上述操作，量得第二个整尺段，并标出 2 点。后尺手拔起 1 点测钎继续往前丈量。最后丈量至 B 点时，已不足一整尺段，此时，仍由后尺手对准钢尺 0 刻划，前尺手读出余尺段读数，读至 cm。

（3）全长计算为

$$全长 = n \times 整段尺长 + 余段尺长 \quad (2-4-2)$$

量距记录计算见表 2-4-1，表中 AB 全长 S_{AB} 为

$$S_{AB} = 3 \times 50 + 41.58 = 191.58(\text{m})$$

表 2-4-1 钢尺量距记录表

日期： 天气： 班级： 小组：

仪器型号： 观测者： 记录者：

测线	往测长度/m	返测长度/m	往返测之差/m	往返测平均值/m	相对误差
AB	50	50			
	50	50			
	50	50			
	41.58	41.63			
	191.58	191.63	0.05	191.605	

（4）为了校核和提高量距精度，应由 B 点起按上述方法量至 A 点。由 A 至 B 的丈量称往测，由 B 至 A 的丈量称返测。AB 直线的返测全长 S_{BA} 为

$$S_{BA} = 3 \times 50 + 41.63 = 191.63(\text{m})$$

（5）精度计算。因量距误差，一般 $S_{AB} \neq S_{BA}$，往返量距之差称较差 $\Delta S = S_{AB} - S_{BA}$，较差反映了量距的精度。但较差的大小又与丈量的长度有关。因此，用较差与往返测距离的平均值之比来衡量测距精度更为全面。该比值通常用分子为 1 的形式来表示，称为相对误差 K，即

$$K = \frac{1}{\dfrac{S}{\Delta S}} \qquad\qquad (2-4-3)$$

式中：S 为往返所测距离的平均值。

各级测量都对 K 值规定了相应的限差，对于地形测量而言，一般地区不超过 1/3000，较困难地区不超过 1/2000，特殊困难地区不超过 1/1000。若相对误差在限度之内，则取往返测距离的平均数作为量距的最后结果。

2. 串尺法

当量距的精度要求比较高时，可采用串尺法来量距，如图 2-4-8 所示。

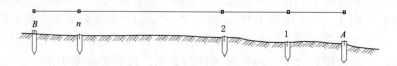

图 2-4-8 串尺法丈量直线距离

（1）定线。欲精密丈量 AB 直线的距离。首先清除直线上的障碍物后，安置经纬仪于 A 点。瞄准 B 点，用经纬仪进行定线，用钢尺进行概量，在视线上依次定出比钢尺一整尺略短的尺段 A1、12、23、…等。在各尺段端点打下木桩，桩顶高出地面 10~20cm，在桩顶做出标志，使其中的各个标志在一条直线上。

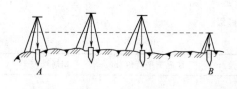

图 2-4-9 定线

一般钢尺量距常用的方法是悬空丈量，其定线方法是用经纬仪在直线 AB 的方向线上，定出用垂球线表示的各个结点位置，然后再用经纬仪在各个垂球线上定出各同高点的位置（可用大头针等作为标志），定线最大偏差应不超过 5cm，如图 2-4-9 所示。

（2）丈量距离。用检定过的钢尺丈量相邻两木桩之间的距离。丈量一般由 5 人组队进行，2 人拉尺，2 人读数，1 人记录并指挥。丈量时，将钢尺放在相邻两木桩顶上，并使钢尺有刻划的一侧贴近标志，后尺手将拉力计挂在钢尺的 0 端，并施以标准拉力。前尺手以尺上某一整分划对准标志时，发出读数口令，两端的人员同时读数，读至 mm，并记入手簿。每一尺段需移动钢尺丈量 3 次，3 次结果的较差不得超过 2mm（悬空丈量时不得超过 3mm）。取 3 次结果的平均值作为此尺段的观测结果。如此对各个尺段进行丈量，每个尺段都应记录温度，往测完成后，立即进行返测。

（3）测量桩顶高程并计算各尺段的长度，最终计算出全长。

（二）沿倾斜地面丈量距离

1. 平量法

如图 2-4-10 所示，当地势起伏不大时，可将钢尺拉平丈量，量距方法与沿平坦地面丈量方法相同，只不过是要把钢尺一端抬高，并要注意在钢尺中间扶起钢尺以防其成为悬链线，要进行往、返测距。

2. 斜量法

若地面坡度比较均匀，可如图 2-4-11 所示，沿斜面量出 AB 的长度 L，再用经纬仪等测绘仪器测出倾斜角 α（或用水准仪测出高差 h），依 $S = L\cos\alpha$ 或 $S = \sqrt{L^2 - h^2}$ 求得平距；沿倾斜地区量距时以 $|S_往 - S_返|/S \leqslant \dfrac{1}{1000}$ 即可。

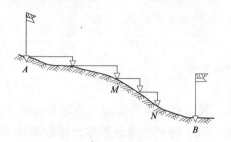

图 2-4-10 倾斜地面量距平量法　　　图 2-4-11 倾斜地面量距斜量法

（三）量距的成果整理

用检定过的钢尺量距，量距结果要经过尺长改正、温度改正和倾斜改正才能得到实际距离。

1. 尺长改正

根据尺长改正数 Δl 可计算距离改正数 ΔD_l

$$\Delta D_l = \frac{D'}{l_0}\Delta l \tag{2-4-4}$$

式中：D' 为量得的直线长度。

2. 温度改正

利用量距时的温度值求距离的温度改正数 ΔD_t，即

$$\Delta D_t = \alpha(t - t_0)D' \tag{2-4-5}$$

当量距的温度高于检定钢尺的温度时，钢尺因膨胀而变长，量距值变小，温度改正数为正，这与公式算出的 ΔD_t 正负号一致。

3. 倾斜改正

若沿地面量出斜距为 D'，用水准仪测得桩顶高差为 h，则由图 2-4-12（a）可知：

$$\Delta D_h = D - D' = (D'^2 - h^2)^{1/2} - D' = D'\left[\left(1 - \frac{h^2}{D'^2}\right)^{1/2} - 1\right]$$

按级数展开：

$$\Delta D_h = D'\left[\left(1 - \frac{h^2}{2D^2} - \frac{1}{8}\frac{h^4}{D'^4}\cdots\right) - 1\right] = -\frac{h^2}{2D'} - \frac{1}{8}\frac{h^3}{D'^3}\cdots$$

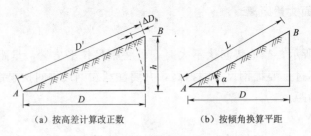

（a）按高差计算改正数　　　　　　（b）按倾角换算平距

图 2-4-12　倾斜改正

当高差不大时可取第一项，即 　　　　$\Delta D_h = -\dfrac{h^2}{2D'}$ 　　　　　　　　　　　　　（2-4-6）

若观测的竖直角如图 2-4-13（b）所示，也可以根据三角函数直接换算平距。

综上所述，若实际量距为 D'，经过改正后的水平距离 D 为

$$D = D' + \Delta D_l + \Delta D_t + \Delta D_h$$

四、钢尺量距的精度、注意事项及钢尺的养护

（一）钢尺量距的精度

影响量距精度的因素有很多，主要为定线误差、拉力误差、钢尺未展平误差、插测钎及对点误差、丈量读数误差、温度变化误差、钢尺检定的残余误差、地形起伏不平的影响等。为了提高量距的精度，可以用经纬仪定线，施加标准拉力以及进行尺长、温度和倾斜改正计算，从而保证量距的精度达到一定的要求。为了校核和提高量距的精度，在直线丈量中，要求往返各丈量一次。直线往返丈量的较差已经反映出量距的精度，但是量距误差的大小又与所量距离的长短有直接的关系。所以，为了更全面地衡量精度，在距离测量中一般以往返（或两次）丈量的较差 ΔS 与其平均长度的比值来衡量，即用相对误差来衡量精度，以 $1/K$ 的形式表示即

$$\frac{1}{K} = \frac{\Delta S}{S} = \frac{1}{\dfrac{S}{\Delta S}}$$

钢尺量距的精度与测区的地形和工作条件有关。对于地面图根导线，一般地区钢尺量距的相对误差不得大于 1/3000，困难地区也不得大于 1/2000。当丈量结果加上各项改正数时，对于 5″级导线，其相对误差不得大于 1/6000；10″级导线不得大于 1/4000。

（二）钢尺量距的注意事项

钢尺使用前应认清尺子的零点、终点和刻划，以免搞错。

丈量时定线要准，尺子要拉平、拉直，拉力要匀，测钎要垂直地插下，并插在钢尺的同一侧。

读数应细心，不要读错，读数时不要只注意读准毫米，疏忽米和分米。记录应复诵，以检查是否读错或记错。

（三）钢尺的保养与维护

外业工作结束后，应用软布擦去钢尺上的泥沙和水，涂上机油，以防生锈。

丈量时钢尺应稍微抬高，不能在地上拖拉，如果钢尺扭结打卷，不可用力拉，应解除"∞"形后再拉，以免折断。

靠近公路或在公路上丈量时，钢尺不能被车辆碾压或被人畜践踏。

收钢尺时宜用左手持钢尺盘，右手顺时针方向收转钢尺，不可逆时针转，以免折断。

五、视距测量

（一）视距测量原理

1. 视准轴水平时的视距测量

如图 2-4-13 所示，欲测定 A、B 两点间的水平距离 S 及高差 h，在 A 点安置仪器，B 点竖立视距尺。望远镜视准轴水平时，照准 B 点的视距标尺，视线与标尺垂直交于 Q 点。若尺上 M、N 两点成像在十字丝分划板上的两根视距丝 m、n 处，则标尺上 MN 长度可由上下视距丝读数之差求得。上下视距丝读数之差称为尺间隔。

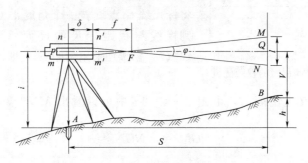

图 2-4-13 视准轴水平时的视距测量

图 2-4-13 中，l 为尺间隔，p 为视距丝间距，f 为物镜焦距，δ 为物镜至仪器中心的距离。由 $\triangle m'n'F \backsim \triangle MNF$ 得：

$$\frac{FQ}{l} = \frac{f}{p}$$

即

$$FQ = \frac{f}{p}l$$

由图 2-4-13 可看出

$$S = FQ + f + \delta$$

令

$$\frac{f}{p} = K, \quad f + \delta = c$$

则

$$S = Kl + c$$

式中：K 为乘常数；c 为加常数。

目前常用测量望远镜，在设计制造时已使 $K = 100$。对于常用的内对光测量望远镜来说，由于适当地选择透镜的半径、透镜间的距离以及物镜到十字丝平面的距离，可使 c 趋于零。因此

$$S = Kl = 100l \tag{2-4-7}$$

因目前常用的测量仪器上的望远镜都是内对光式的，故在以后有关的视距问题讨论中，都是以 $c = 0$ 为前提来分析的。

由图 2-4-13 还可写出求高差的公式，为

$$h = i - v \tag{2-4-8}$$

式中：i 为仪器高，即由地面点的标志顶量至仪器横轴的铅垂距离；v 为目标高，即为望远镜十字丝在标尺上的中丝（横丝）读数。

由图 2-4-13 可以看出

$$\tan \frac{\varphi}{2}=\frac{\frac{p}{2}}{f}=\frac{1}{2\frac{f}{p}}=\frac{1}{200}$$

因此 $\varphi=34'22.6''$，仪器制造时 φ 值已确定。这种用定角 φ 来测定距离的方法又称定角视距。

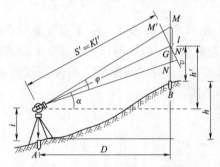

图 2-4-14 视准轴倾斜时的视距测量

2. 视准轴倾斜时的视距测量

在地面起伏较大的地区进行视距测量时，必须使视准轴处于倾斜状态，才能在标尺上读数，如图 2-4-14 所示。由于标尺竖在 B 点，它与视线不垂直，那么用式（2-4-7）计算距离就不适用。设想将标尺绕 G 点旋转一个角度 α（等于视线的倾角），则视线与视距标尺的尺面垂直。这样，即可依式（2-4-7）求出斜距 S'，即

$$S'=Kl'$$

然而 $M'N'=l'$ 又无法测出，由图 2-4-14 中可以看出 $MN=l$ 与 l' 存在一定的关系，即

$$\angle MGM'=\angle NGN'=\alpha$$
$$\angle MM'G=90°+\frac{\varphi}{2}$$
$$\angle NN'G=90°-\frac{\varphi}{2}$$

式中 $\frac{\varphi}{2}=17'11.3''$，角值很小，故可近似地认为 $\angle MM'G$ 和 $\angle NN'G$ 是直角。于是

$$M'G=MG\cos\alpha \quad 即\frac{l'}{2}=\frac{l\cos\alpha}{2}$$
$$N'G=NG\cos\alpha \quad 即\frac{l'}{2}=\frac{l\cos\alpha}{2}$$

故
$$l'=l\cos\alpha$$

代入式（2-4-7）得 $S'=Kl\cos\alpha$，所以 A、B 的水平距离

$$S=S'\cos\alpha=Kl\cos2\alpha \tag{2-4-9}$$

由图 2-4-14 中还可看出，A、B 的高差

$$h=h'+i-v$$

式中，h' 称初算高差，可由下式计算：

$$h'=S'\sin\alpha=Kl\cos\alpha\sin\alpha=\frac{1}{2}Kl\sin2\alpha \tag{2-4-10}$$

而

$$h=\frac{1}{2}Kl\sin2\alpha+i-v=S\tan\alpha+i-v \tag{2-4-11}$$

式（2-4-9）和式（2-4-11）为视距测量计算的普遍公式，当视线水平时，即 $\alpha=0$ 时，即为式（2-4-7）和式（2-4-8）。

（二）视距计算方法

视距测量中，计算距离和高差的工具有视距计算表、视距计算盘、视距计算尺和电子计算器等。在实际工作中主要使用计算器或微型计算机。

（三）测定视距乘常数的方法

用内对光望远镜进行视距测量、计算距离和计算高差都要用到乘常数 K，因此，K 值正确与否，直接影响视距测量精度。虽然 K 值在仪器设计制造时，已定为 100，但在仪器使用或维修过程中，K 值可能发生变化。因此，在进行视距测量之前，必须对视距乘常数进行测定。

K 值的测定方法，如图 2-4-15所示。在平坦地区选择一段直线 AB，在 A 点打一木桩，并在该点上安置仪器，从 A 点起沿 AB 直线方向，用钢尺精确量出 50m、100m、150m、200m 的距离，得 P_1、P_2、P_3、P_4 点，并在各点以木桩标出点位。在木桩上依次竖

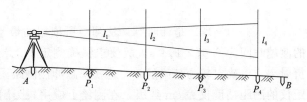

图 2-4-15 测定视距乘常数

立标尺，每次以望远镜水平视线，用视距丝读出尺间隔 l。通常用望远镜盘左、盘右两个位置各测两次，取其平均值，这样就测得 4 组尺间隔 l_1、l_2、l_3 和 l_4，然后依公式 $K=S/l$ 求出按不同距离所测定的 K 值，即 $K_1=50/l_1$，$K_2=100/l_2$，$K_3=150/l_3$，$K_4=200/l_4$。

最后取各 K 值的平均值，$K=(K_1+K_2+K_3+K_4)/4$ 即为测定的视距乘常数。

视距乘常数测定记录及计算列于表 2-4-2。

表 2-4-2　　　　　　　　　　视距乘常数测定

距离 S_i		50m	100m	150m	200m
盘左/mm	下	1.751	2.002	2.251	2.505
	上	1.250	1.000	0.751	0.500
	下-上	0.501	1.002	1.501	2.005
	下	1.751	2.000	2.252	2.506
	上	1.249	1.000	0.749	0.499
	下-上	0.502	1.000	1.503	2.007
盘右/mm	下	1.753	2.005	2.255	2.510
	上	1.252	1.004	0.755	0.508
	下-上	0.501	1.001	1.500	2.002
	下	1.753	2.005	2.257	2.512
	上	1.253	1.004	0.755	0.507
	下-上	0.500	1.001	1.502	2.005
尺间隔平均值/m		0.5010	1.0010	1.5015	2.0048
K_i		99.80	99.90	99.90	99.76
视距乘常数 K 的平均值			$K=99.84$		

若测定的 K 值不等于 100，在 1:5000 比例尺测图时，其差数不应超过 ±0.15；在 1:1000、1:2000 比例尺测图时，不应超过 ±0.1。若在允许范围内仍可将 K 值当成 100。否则，可用测定的 K 值代替 100 来计算水平距离和高差，这在目前广泛使用电子计算器的条件下，也是方便的；另外，还可编制改正数表进行改正计算。

六、电磁波测距技术

（一）测距原理

测定 A、B 两点的距离，光线由 A 到 B 经反射再回到 A，所用时间为 t，光速为 v，则 A、B 两点之间的距离 D 可计算为

$$D = \frac{1}{2}vt \tag{2-4-12}$$

式（2-4-12）是计时脉冲法测距所依据的最基本的数学模型。由于 1mm 距离所相应的渡越时间为 6.67×10^{-2}s，故要求精确测定 t。此外，还要精密地确定大气条件下的综合折射率，以确定较为精确的 v，这就使脉冲法测距困难重重。故此，市场上多见的脉冲式测距仪的测距精度仅为 cm 数级，在测绘上应用较为困难。

另外一种测距原理被称为相位法测距，这是绝大多数光电测距仪（大地测量型）所选择的测距方法。由光波原理可知，当调制光波的频率为 f，光波由 A 点出发到 B 点反射后又回到 A 的相位移为 Φ，则渡越时间 t 为

$$t = \Phi/2\pi f \tag{2-4-13}$$

将式（2-4-13）代入式（2-4-12）得

$$D = \frac{v}{2}\frac{\Phi}{2\pi f} \tag{2-4-14}$$

由式（2-4-14）可以看出，相位法测距不是直接测定传播时间 t，而是通过测定相位移 Φ 来间接测定 t，进而确定距离。相位法测距精度较高，仪器必须具备高分解力的测相器、准确的调制频率及一定大气条件下的综合折射率。目前市场上常见的此类产品一般有两三个调制频率，其中一个为精测频率。测相时用粗测频率保证测程，而用精测频率保证测距精度。最后，距离的计算与显示均由仪器内部微处理器自动完成。

（二）光电测距仪分类

自 1947 年第一台光电测距仪诞生以来，尤其是 20 世纪 60 年代微机技术的迅速发展，使得光电测距仪更新换代十分频繁，几乎每年都有新一代产品问世。我国改革开放以来从日本、瑞士、瑞典、德国引进了大量电子测绘仪器，同时研制和批量生产了稳定可靠、性能价格比较优良的国产测距仪和其他电子测绘仪器。

光电测距仪由以下各部分组成。

（1）主机头：是测距仪的核心部分，含发射、接收、测相、微处理器、显示等。

（2）反光镜：由基座、觇牌、反光镜组成，有单棱镜、三棱镜和对中杆棱镜，其作用是将主机发射的光波反射回去，并作为瞄准的目标。短测程时用单棱镜，长测程时用三块以上棱镜。

（3）电池及充电器：为仪器提供电源。

（4）附件：如温度计、干湿度计、气压盒等。

1. 按结构分类

若按结构分类，光电测距仪可分为分离式和组合式两种。

（1）分离式：即单测距式，由测距仪和基座组成，可测斜距。

（2）组合式：即将测距仪架在经纬仪上，当经纬仪为电子经纬仪时，此为组合式全站仪（图 2-4-16）。

2. 按测程分类

若按测程分类，3km 以内为短程仪器，3～15km 为中程仪器，15km 以上为远程仪器。

测距仪的出厂标称精度一般表示为 $a+b\cdot10^{-6}D$，其中 a 为固定误差，以 mm 为单位，b 为与测程 D（以 km 为单位）成正比的比例误差。若按标称测距精度分类，通常是以每千米的标称测距中误差 m_D 分类，若 $m_D\leqslant5\text{mm}$，为Ⅰ级，$m_D\leqslant10\text{mm}$ 为Ⅱ级，$10\text{mm}<m_D\leqslant20\text{mm}$ 为Ⅲ级。

图 2-4-16　组合式全站仪

3. 按光源分类

测距仪按光源分类可以分为普通光源、红外光源和激光光源。

子学习情境 2-5　经纬仪导线测量

一、国家平面控制（锁）网的概念

地形图是分幅测绘的，这就要求测绘的各幅地形图能相互拼接构成整体，且精度均匀。因此，地形图的测绘需要由国家有关部门，根据国家经济和国防建设的需要，全面规划，按照国家制定的统一测量规范，建立起国家控制网。国家控制网建立的原则是分级布网，逐级控制。国家控制网分为国家平面控制网和国家高程控制网，国家平面控制网建立的常规方法是三角测量和导线测量。

三角测量是在地面上选择一系列平面控制点组成许多互相连接的三角形，呈网状的称三角网（图 2-5-1），成锁状的称三角锁（图 2-5-2）。在这些平面控制点上用精密的仪器进行水平角观测，经过严密计算，求出各点的平面坐标，这种测量工作称为三角测量。用三角测量的方法确定的平面控制点称为三角点。

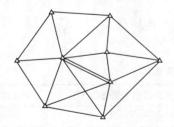
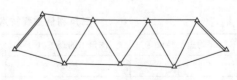

图 2-5-1　三角网　　　　　　　　　图 2-5-2　三角锁

导线测量是建立平面控制的另一种常规方法；在地面上选择一系列控制点，将它们依次连成折线，称为导线。图 2-5-3 所示的形式为单一导线。导线构成网状的称导线网（图 2-5-4）。测出导线中各折线边的边长和转折角，然后计算出各控制点坐标，这种测量工作称为导线测量。用导线测量的方法确定的平面控制点称为导线点。

国家平面控制网（锁）按其精度分为一、二、三、四共 4 个等级，从一等至四等，控制点的密度逐级加大，而精度则逐级降低。

一等三角锁是国家平面控制的骨干，一般沿经纬线方向构成纵横交叉的锁系，如图

2-5-5所示。纵横4个锁段构成锁环，每个锁段长约200km。在锁环中，隔一定距离选择一个控制点，用天文测量的方法，测定其经纬度作为锁中起算和检核的数据。这种控制点又称为天文点。

二等三角网是在一等锁环内布设成全面三角网，如图2-5-6所示。

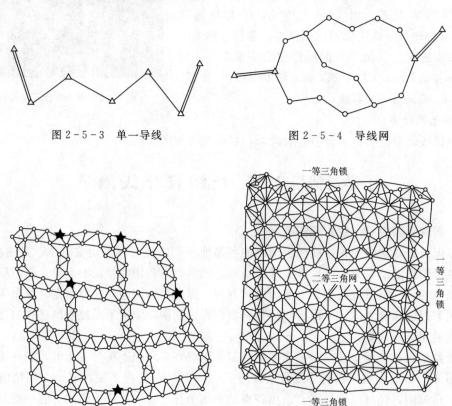

图2-5-3 单一导线 　　　　　　图2-5-4 导线网

图2-5-5 一等三角锁 　　　　　　图2-5-6 二、三等三角网

三等三角网则是在二等三角网的基础上所做的进一步加密。

各等级的三角测量主要技术要求见表2-5-1。

表2-5-1　　　　　　　　　　　三角测量主要技术要求

等级	平均边长/km	测角中的误差/(″)	三角形最大闭合差/(″)	起始边相对中误差
一	20～25	±0.7	±2.5	1/350000
二	13	±1.0	±3.5	1/250000
三	8	±1.8	±7.0	1/150000
四	2～6	±2.5	±9.0	1/100000

精密导线也分为一、二、三、四共4个等级。一等导线一般沿经纬线或主要交通路线布设，纵横交叉构成较大的导线环。二等导线布设于一等导线环内，三、四等导线则是在一、二等导线的基础上进一步加密而成。

（一）5″、10″小三角及5″、10″导线

国家平面控制网（锁）中控制点间距较大，一般最短的也在2km以上，为了满足大比例尺地形测图的要求，需在国家平面控制的基础上，布设精度稍低于四等的 5″和 10″小三角网（锁）或 5″和 10″导线。

5″小三角点间的平均边长为 1km，测角中误差不超过 ±5″（称 5″小三角）；10″小三角点间距的平均边长为 0.5km，测角中误差不超过 ±10″。在通视困难和隐蔽地区可布设测角中误差为 5″和 10″导线来代替相应精度的 5″和 10″小三角网（锁）。

（二）图根平面控制点

在国家平面控制网或小三角等控制点间进一步加密，从而建立的直接为地形测图服务的平面控制点称为图根点。图根点可以分为两级，直接在高级控制点基础上加密的图根点称为一级图根点；在一级图根点的基础上再加密的图根点，称为二级图根点。测定图根点平面位置的工作，称为图根点平面控制测量。图根平面控制点，可根据高级控制点在测区内的分布情况、测图比例尺、测区内通视条件以及地形复杂程度，采用图根经纬仪导线、图根三角锁（网）及交会定点的测量方法确定其平面坐标。无论用哪种方法建立的图根控制，都应当保证在整个测区内有足够密度和精度的图根点。

为满足图根点密度和精度的需要，导线总长度和各边长，以及图根三角锁（网）中三角形个数和边长在规范中均做了相应的规定。但是图根点究竟加密到什么程度，是难以用一个简单的数字确定的。因为各测区地形条件不一，即使在同一个测区内，各幅图的实际情况也不尽相同，加之测图比例尺和精度要求的差别，若规定一个简单数字作为这诸多方面的抉择标准，则很难符合实际情况。所以在布设图根点时，应根据具体情况来确定合理的方案。但为保证测图精度，还必须有一个最少图根点数的要求。一般说来，在 1：1000 比例尺测图时，每 1km^2 不得少于 50 点；在 1：2000 比例尺测图时，每 1km^2 不得少于 15 点；在 1：5000 比例尺测图时，每 1km^2 不得少于 7 点。实际上，在山区或地形复杂的隐蔽地区，图根点数往往要比上述最少图根点数增加 30%～60%。

布设图根点时，还必须埋设标志和进行统一编号。图根点标志一般采用木桩，亦需埋设少量标石或混凝土桩。标石应埋在一级图根点上，其数量每 1km^2 连同高级埋石点在内，对于 1：5000 比例尺测图时为 1 点；1：2000 比例尺测图时为 4 点；1：1000 比例尺测图时为 12 点。同时要求埋石点均匀分布并至少应与一个相邻埋石点通视。在工矿区，还应根据需要，适当增加埋石点数。

（三）测区内控制点加密的层次

在测区中，最高一级的平面控制称为首级控制。首级控制的等级应根据测区面积的大小、测图比例尺和测区发展远景等因素确定。

若测区首级控制是国家四级控制，因一般平均边长较长，或虽然局部地区四等控制边长较短，但需顾及厂矿生产时期测量工作的需要，可用 5″小三角或 5″导线加密，然后再在此基础上布设两级图根点。在一般地区，如四等控制点的边长较短，也可直接在四等控制的基础上布设两级图根点。

若测区首级控制是 5″小三角或 5″导线，则可直接在此基础上布设两级图根点。

10″小三角只在面积较小，无发展远景的地区用作首级控制，或作为 5″小三角的少量加密点。

二、导线测量外业

（一）导线的一般知识

导线测量是建立图根控制的一种常见形式，是在选定的导线点上，依次测定其转折角及各边的边长,然后根据已知方向和已知坐标,推算出各导线点坐标。

导线应在高一级控制点的基础上布设。导线因只需相邻导线点间互相通视,故适用于在建筑物较密集的矿山工业区、工厂区、城镇和森林隐蔽地区建立图根控制。

导线具体布设形式如下:

(1) 闭合导线。如图2-5-7 (a) 所示,导线起始于已知高级控制点 A,经各导线点,又回到 A 点,组成闭合多边形,称为闭合导线。

(2) 附合导线。如图2-5-7 (b) 所示,导线从一已知高级控制点 A 出发,经各导线点后,终止于另一个已知高级控制点 B,组成一伸展的折线,称为附合导线。

(3) 支导线。如图2-5-7 (c) 所示,导线从一已知高级控制点 A 出发,经各导线点后既不闭合也不附合于已知控制点,成一开展形,称为支导线。

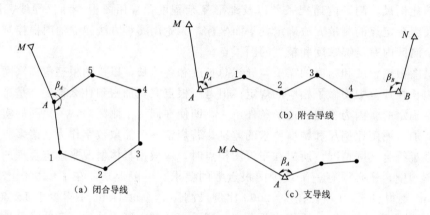

图2-5-7 导线的基本形式

由于支导线没有终止到已知控制点上,如出现错误不易发现,所以一般规定支导线不宜超过两个点。

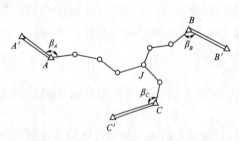

图2-5-8 结点导线

(4) 结点导线。如图2-5-8所示,导线从3个或3个以上的已知点出发,几条导线交汇于一点 J (也有交汇于多点者),该交汇点称为结点。这种形式的导线称为结点导线。

导线按测距方法的不同,又可分为钢尺量距导线、光电测距导线等。

导线测量工作分为外业和内业两部分,外业工作包括选点、埋设标志、测量角度和边长;内业工作是根据已知数据和观测数据,求解导线点的坐标。

过去因用钢尺量距,工作十分繁重,致使导线布设受到许多限制;后来由于光电测距仪的迅速发展,繁重的量距工作得到了很大改善,这为经纬仪导线测量在工程中应用开拓了广阔的前景。目前随着全站仪的普及,工程中普遍采用全站仪导线测量。

(二) 导线测量的技术要求

表2-5-2是《工程测量规范》(GB 50026—2007)中对小区域和图根导线测量的技术要求。

表 2-5-2 小区域、图根导线测量的技术要求

等级	测图比例尺	附合导线长度/m	平均边长/m	测距相对中误差	测角中误差/(")	导线全长相对中误差	测回数 DJ2	测回数 DJ6	角度闭合差/(")
一级		2500	250	1/20000	±5	1/10000	2	4	$\pm10\sqrt{n}$
二级		1800	180	1/15000	±8	1/7000	1	3	$\pm16\sqrt{n}$
三级		1200	120	1/10000	±12	1/5000	1	2	$\pm24\sqrt{n}$
图根	1:500	500	75	1/3000	±20	1/2000		1	$\pm60\sqrt{n}$
	1:1000	1000	110						
	1:2000	2000	180						

在表 2-5-2 中，图根导线的平均边长和导线的总长度是根据测图比例尺确定的。因为图根导线点是测图时的测站点，测图中要求两相邻测站点上测定同一地物作为检核，而测 1:500 地形图时，规定测站到地物的最大距离为 40m，即两测站之间的最大距离为 80m，对应的导线边最长为 80m，表中规定平均边长为 75m。测图中又规定点位中误差不大于图上 0.5mm，1:500 地形图上 0.5mm 对应的实际点位误差为 0.25m，如果把 0.25m 视为导线的全长闭合差，根据全长相对闭合差可知导线的全长为 500m。

(三) 图根经纬仪导线测量的外业工作

1. 选点

导线点的选择直接关系着经纬仪导线测量外业的难易程度，关系着导线点的数量和分布是否合理，也关系着整个导线测量的精度，以及导线点的使用和保存。因此，在选点前应进行周密的研究与设计。

选点工作一般是先从设计开始。不同比例尺的图根控制，对导线的总长、平均边长等都做了相应的规定。为满足上述要求，应先在已有的旧地形图上进行导线点的设计。为此，需要在图上画出测区范围，标出已知控制点的位置，然后根据地形条件，在图上拟定导线的路线、形式和点位；之后，再带着设计图到测区实地考察，同时依据实际情况，对图上设计做必要的修改。若测区没有旧的地形图，或测区范围较小，也可直接到测区进行实地考察，依实际情况，直接拟定导线的路线、形式和点位。

当选定点位后，应立即建立和埋设标志。标志可以是临时性的，如图 2-5-9 所示。即在点位上打入木桩，在桩顶钉一钉子或刻画 "+" 字，以示点位。如果需要长期保存点位，可以制成永久性标志，如图 2-5-10 所示，即埋设混凝土桩，在桩中心的钢筋顶面刻 "+" 字。以示点位。

标志埋设好后，对作为导线点的标志要进行统一编号，并绘制导线点与周围固定地物的相关位置图，称为点之记，如图 2-5-11 所示，作为今后找点的依据。

为使导线计算简便，应尽可能布设成单一的闭合导线、附合导线或具有一个结点的结点导线，应尽量避免采用支导线。

用作图根控制的钢尺量距经纬仪导线的主要技术要求，应遵守表 2-5-3 的规定。

导线点位置的选择应做到：

(1) 导线点应选在土质坚硬、视野开阔、便于安置经纬仪和施测地形图的地方。

(2) 相邻导线点间应通视良好，地面比较平坦，便于钢尺测距；若用光电测距仪测距，

则地形条件不限，但要求在导线点间的视线上避开发热体、高压线等。

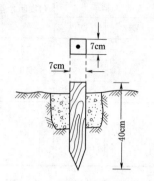

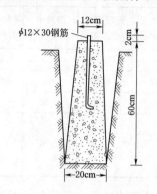

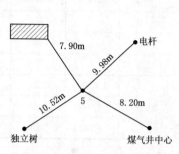

图 2-5-9　临时图根导线点标志　　图 2-5-10　永久图根导线点标志　　　图 2-5-11　点之记

表 2-5-3　　　　　　　　　图根钢尺量距导线测量的主要技术要求

导线长度	相对闭合差	边长	测角中误差/(")		DJ6 测回数	方位角闭合差/(")	
			一般	首级控制		一般	首级控制
≤1.0km	≤1/2000	≤1.5测图 最大视距	30	20	1	±60√n	±40√n

注　隐蔽或特殊困难地区导线相对闭合差可放宽，但不应大于 1/1000。

（3）导线边长最好大致相等，以减少望远镜调焦而引起的误差，尤其要避免从短边突然转向长边。

导线点位选定后，应根据要求埋设导线点标志并进行统一编号。为便于测角时寻找目标和瞄准，应在导线点上竖立带有测旗的标杆或其他标志。

2. 测角

测角前应对经纬仪进行检验与校正。

导线折角可用 J6 型或 J15 型经纬仪进行观测。为防止差错和便于计算，应观测导线前进方向同一侧的水平夹角。前进方向左侧的水平角叫左角；前进方向右侧的水平角叫右角。测量人员一般习惯观测左角。对于闭合导线来说，若导线点按逆时针方向顺序编号，这样所观测的角既是多边形内角，又是导线的左角。

经纬仪导线边长一般较短，对中、照准都应特别仔细，观测目标应尽量照准标杆底部。

经纬仪导线点水平角观测的技术要求，应符合表 2-5-2 中的技术规定。

3. 量边

用光电测距仪测量边长时，应加入气象、倾斜改正等内容（目前大多数的测距设备中，只要设置好参数，均可以自动完成）。

用钢尺直接量边时，要用经过比长的钢尺进行往返丈量。每尺段在不同的位置读数 2 次，2 次读数之差不应超过 1cm，并在下述情况下进行有关改正。

（1）尺长改正数大于尺长的 1/10000 时，应加尺长改正。

（2）量距时的平均尺温超过检定温度 10℃时，应加温度改正。

（3）尺子两端的高差，50m 尺段大于 1m，30m 尺段大于 0.5m 时，应加倾斜改正。

4. 导线的定向

经纬仪导线起止于已知控制点上，但为了控制导线方向，必须测定连接角，该项测量称为导线定向。

导线定向，就是在导线与高级已知点连接的点上直接观测连接角。如图 2‒5‒7 中 β_A、β_B 和图 2‒5‒12 中的 β_A、β'_A 及 β_B、β'_B。附合导线与结点导线各端均有连接角，故它们的检验比较充分。

为了防止在连接时可能产生的错误（如瞄准目标等），在已知点上若能看见两个点时，则应观测两个连接角，如图 2‒5‒12 中 β_A、β'_A 及 β_B、β'_B 所示。连接角的正确与否可根据 β_A、β'_A 及 β_B、β'_B 的各自差值与相应两已知方向间的夹角 $\alpha_{AM} - \alpha_{AN}$、$\alpha_{BC} - \alpha_{BD}$ 相比较。

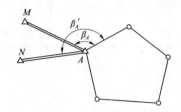

(a) 闭合导线及其定向角

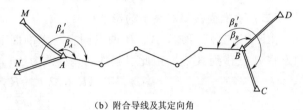

(b) 附合导线及其定向角

图 2‒5‒12 导线及其定向角

子学习情境 2‒6 闭合导线内业计算

一、地球曲率对水平距离和高差的影响

在地形测量中是将大地体近似看作圆球体。将地面点投影到圆球面上，然后再描绘到平面的图纸上，这是很复杂的。在实际测量中，在一定的测量精度要求和测区面积不大时，往往用水平面来代替水准面，就是把较小一部分地球表面上的点投影到水平面上来决定其位置。但是，在多大面积范围能容许以平面投影代替球面投影呢？下面假定大地水准面为一个圆球面，对此问题进行探讨。

（一）水准面的曲率对水平距离的影响

在图 2‒6‒1 中，设 AB 为水准面上的一段弧线，其长度为 D，所对圆心角为 θ，地球半径为 R，另自 A 点作切线 AB'，设长为 t。若将切于 A 点的水平面代替水准面的圆弧，则在距离上将产生误差 ΔD。

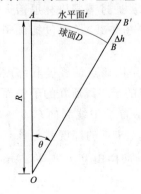

图 2‒6‒1 地球曲率的影响

$$\Delta D = AB' - AB = t - D = R(\tan\theta - \theta)$$

将 $\tan\theta = \theta + \dfrac{1}{3}\theta^3 + \cdots$ 代入，得

$$\Delta D = \frac{D^3}{3R^2} \tag{2‒6‒1}$$

$$\frac{\Delta D}{D} = \frac{1}{3}\left(\frac{D}{R}\right)^3 \tag{2‒6‒2}$$

取 $R = 6371\text{km}$，ΔD 值见表 2‒6‒1。由该表可知，当 $D = 10\text{km}$ 时，$\dfrac{\Delta D}{D} = 1:121$ 万，小于目前最精密的距离测量误差，即使在 $D = 20\text{km}$ 时，$\dfrac{\Delta D}{D} = 1:30$ 万。因此，在实际工作中将水准

面当作水平面，也即沿圆弧丈量的距离作为水平距离，其误差可忽略不计。

表 2 - 6 - 1   曲率对高差和水平距离的影响

误差 /cm	圆 弧 长 度/km							
	0.1	0.2	0.4	1	5	10	50	100
Δh	0.08	0.31	1.3	8	196	785	103	820
ΔD				0.001	0.10	0.82		

（二）水准面曲率对高差的影响

由图 2 - 6 - 1 可知，A、B 两点同在一水准面上，高程相等，若以水平面代替水准面，则是将 B 点移到 B' 点，由此引起的高差误差为 Δh。由图可知

$$(R + \Delta h)^2 = R^2 + t^2$$

$$\Delta h = \frac{t^2}{2R + \Delta h}$$

若用 D 代替 t，同时略去分母中的 Δh，则

$$\Delta h = \frac{D^2}{2R}$$

不同 D 值的 Δh 仍列于表 2 - 6 - 1 中。当 $D = 1\text{km}$，Δh 有 8cm 的误差，这种误差对工程的影响是不能忽视的。

综上所述，在地形测量工作中，水准面的曲率对水平距离的影响可以忽略不计，而水准面曲率对高差的影响则必须加以考虑。

二、地面上点位的表示方法

测量工作的具体任务，就是确定地面点的空间位置，也就是地面上的点在球面或平面上的位置（地理坐标或平面坐标）以及该点到大地水准面的垂直距离（高程）。

（一）地理坐标

研究大范围的地面形状和大小是将投影面作为球面进行的。在图 2 - 6 - 2 中视地球为一球体，N 和 S 是地球的北极和南极，连接两极且通过地心 O 的线称为地轴。过地轴的平面称为子午面，过地心 O 且垂直于地轴的平面称为赤道面，它与球面的交线称为赤道。通过英国格林尼治天文台的子午线称为起始子午线（首子午线），而包括该子午线的子午面称首子午面。

地面上任一点 M 的地理坐标是以该点的经度和纬度来表示的。M 点的经度是从过该点的子午线所在的子午面与首子午面的夹角，以 L 表示。从首子午线起向东 $0° \sim 180°$ 称东经，向西 $0° \sim 180°$ 称西经。M 点的纬度就是该点

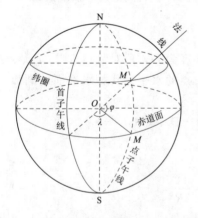

图 2 - 6 - 2 地理坐标系

的法线与赤道面的交角，以 B 表示。从赤道向北 $0° \sim 90°$ 称北纬，向南由 $0° \sim 90°$ 称为南纬。如北京的地理坐标为东经 $116°28'$，北纬 $39°54'$。

（二）独立（假定）平面直角坐标

地面点在椭圆体上的投影位置可用地理坐标的经、纬度来表示。但要测量和计算点的经

纬度，其工作是相当繁杂的。为了实用，在一定的范围内，把球面当作平面看待，用平面直角坐标来表示地面点的位置，无论是测量、计算或绘图都将是很方便的。

当测区较小时（如半径不大于10km范围），可用测区水平面代替水准面。既然把投影面看作平面，地面点在平面上的位置就可以用平面直角坐标来表示。这种平面直角坐标如图2-6-3所示，规定南北方向为纵轴，记为 x 轴，x 轴向北为正，向南为负；东西方向为横轴，记为 y 轴，y 轴向东为正，向西为负。为了避免使坐标值出现负号，建立这种坐标系统时，可将其坐标原点选择在测区的西南角。

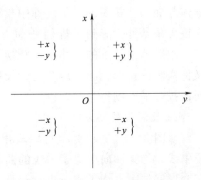

图 2-6-3　平面直角坐标

（三）高斯平面直角坐标

1. 高斯投影的概念

椭球面是一个曲面，在几何上是不可展曲面。因此，要将椭圆体上的图形绘于平面上，只有采用某种地图投影的方法来解决。

为了帮助我们粗略地理解地图投影的概念，设想用一个投影平面与椭球面相切，然后从球心向投影面发出光线，将球面上的图形影射在投影面上，这样将不可避免地使图形变形（角度、长度、面积变形）[图2-6-4（a）]。对于这些变形，任何投影方法都不能使它们全部消除，但是可以根据用图需要来限制变形。控制相应变形的投影方法有等角投影、等距投影和等面积投影。对于地形测量来说，保持角度不变是很重要的，因为投影前后角度相等，在一定范围内，可使投影前后的两种图形相似。这种保持角度不变的投影，称正形投影。目前我国规定在大地测量和地形测量中采用高斯正形投影，这种投影方法是由德国数学家、大地测量学家高斯建立，后来由大地测量学家克吕格推导出了计算公式，所以又称高斯-克吕格投影，简称高斯投影。

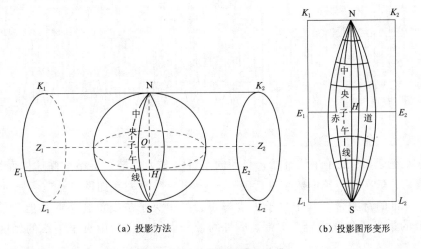

（a）投影方法　　　　　　　　　（b）投影图形变形

图 2-6-4　高斯投影与分带

高斯投影，按照一定的投影公式计算，把椭球体上点的坐标（经度和纬度），换算为投影平面上的平面坐标（x、y），这种投影换算的计算公式将在"控制测量"课程中介绍。下面仅从几何关系上概略说明高斯投影概念。

如图 2-6-4 (a) 所示，设想有一个空心的椭圆柱横切于椭球体球面上的某一条子午线 NHS，此时，柱体的轴线 Z_1Z_2 垂直于 NHS 所在的子午面，并通过球心与赤道面重合。椭球体与椭圆柱相切的子午线称中央子午线，若将中央子午线附近的椭球体面上的图形元素，先按等角条件投影到横椭圆柱面上，再沿着过北极、南极的母线 K_1K_2 和 L_1L_2 剪开、展平，则椭球体面上的经纬网，转换成平面上的经纬网，如图 2-6-4 (b) 所示。这种投影又称横圆柱正形投影。展开后的投影区域是一个以子午线为边界的带状长条，称为投影带，而该投影平面则称为高斯投影平面，简称高斯平面。

2. 投影带的划分

从图 2-6-4 (b) 上可以看出，中央子午线投影后为一条直线，且其长度不变，其余子午线，均为凹向中央子午线的曲线，其长度大于投影前的长度，离中央子午线越远，其长度变形就越大。为了将长度变形限制在测图精度的允许范围内，对于测绘中、小比例尺地图，一般限制在中央子午线两侧各 3°，即经差为 6° 的带状范围内，称为 6° 投影带，简称 6° 带。为此，如图 2-6-5 所示，从首子午线起，每隔 6° 为一带，将椭球体由西向东，等分 60 个投影带，并依次用阿拉伯数字编号，即 0°~6° 为一带，3° 子午线为第 1 带的中央子午线；6°~12° 为第 2 带，9° 子午线为第 2 带的中央子午线；依此类推。这样，每一带单独进行投影。6° 带中，两条边界子午线离中央子午线在赤道线上最远，但各自不超过 334km。计算结果表明，在离中央子午线两侧经度各 3° 的范围内，长度投影的变形不超过 1/1000。这样的误差，对于测绘中、小比例尺的地形图，不会产生实际影响；然而，对于大比例尺的地形图测绘来说，这样的误差是不容许的。而采用 3° 带，就可以更有效地控制这种投影变形误差，满足大比例尺地形测图的要求。

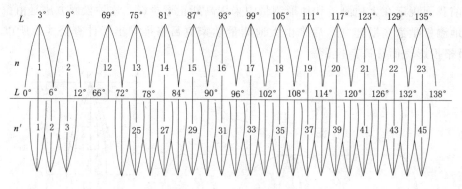

图 2-6-5 分带示意图

3° 带是从经度 1.5° 的子午线开始，自西向东每隔 3° 为一带，将整个椭球体面划分成 120 个 3° 投影带，并依次用阿拉伯数字进行编号。它与 6° 带的关系如图 2-6-5 所示。从图上可以看出，3° 带的奇数带，其中央子午线与 6° 带的中央子午线重合，而其偶数带的中央子午线与 6° 带的边界子午线重合。3° 带、6° 带的带号，与相应的中央子午线的经度关系为

$$L3 = 3° \times N3 \tag{2-6-3}$$

$$L6 = 6° \times N6 - 3° \tag{2-6-4}$$

式中：L3 为 3° 带的中央子午线经度；L6 为 6° 带的中央子午线经度；N3 为 3° 带的带号数；N6 为 6° 带的带号数。

3. 高斯平面直角坐标系的建立

经投影后，每一投影带的中央子午线和赤道在高斯平面上成为互相垂直的两条直线。在测量工作中，可用每个投影带的中央子午线来作为坐标纵轴 x，赤道的投影作为坐标横轴 y，两轴交点 O 即为坐标原点，从而建立起高斯平面直角坐标系。每一投影带，无论是 $6°$ 带还是 $3°$ 带，都有各自的平面直角坐标系。

在高斯平面直角坐标系中，纵坐标自赤道向北为正，向南为负；横坐标自中央子午线向东为正，向西为负。我国领土位于北半球，纵坐标均为正值，而横坐标有正有负。为便于计算和表示，避免 y 坐标出现负值，在实际的测量工作中，考虑到 $6°$ 带每带的边界子午线离中央子午线最远为 300 多千米，因此作出统一规定，将 $6°$ 带及 $3°$ 带中所有点的横坐标加上 500km，也即将坐标原点西移 500km，这样每带中所有点的横坐标值都变成了正值（图 2 - 6 - 6）。

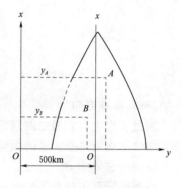

图 2 - 6 - 6　统一坐标与
自然坐标的关系

为了明确表示出相同坐标值的点位于哪一个投影带内，测量工作中规定在加上 500km 后的横坐标值前，再冠以该点所在投影带的带号。

通常，未加 500km 和带号的横坐标值称为自然值，加上 500km 后并冠以带号的横坐标值称为国际统一坐标。

图 2 - 6 - 6 中，设 A、B 两点位于投影带的第 40 带内，其横坐标的自然值为

$$y_A = +4380.586\text{m}（位于中央子午线以东）$$

$$y_B = -41613.070\text{m}（位于中央子午线以西）$$

将 A、B 两点横坐标的自然值加上 500km，再加注带号，则其通用值（国际统一坐标）为

$$y_A = 40543580.586\text{m}$$

$$y_B = 40458386.930\text{m}$$

三、确定地面点位的三个要素

如图 2 - 6 - 7 所示，a、b 为地面点 A、B 在水平面上的投影，Ⅰ、Ⅱ 为两个已知坐标的地面点。在实际工作中，一般并不是直接测出它们的坐标和高程，而是通过外业观测得到水平角观测值 β_1、β_2 和水平距离 D_1、D_2 以及 Ⅰ、A 两点之间和 A、B 两点之间的高差，再根据 Ⅰ、Ⅱ 两点的坐标、两点连线的坐标方位角和高程，推算出 A 和 B 的坐标和高程，从而确定它们在地球表面上的位置。

由此可见，地面点之间的位置关系是以水平距离、水平角和高程（或高差）三个要素来确定的。距离测量、水平角测量和高程测量是地形测量的基本工作内容。

四、直线定向

如图 2 - 6 - 8 所示，若要确定 A、B 两点之间的相对关系，只要知道 A 点到 B 点的距离和 AB 直线的方向，就可以准确地描述两点之间的相对位置关系。所谓直线定向，就是确定地面上两点之间的连线的方向。一条直线的方向，是以该直线和标准方向（或基本方向）线之间的夹角表示的。

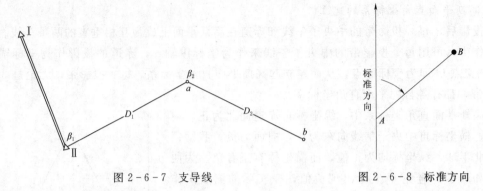

图 2-6-7 支导线　　　　　　　　　　图 2-6-8 标准方向

（一）标准方向

测量工作中，直线定向通常采用的标准方向有：真子午线方向、磁子午线方向和坐标纵线方向（平面直角坐标系的纵坐标轴以及平行于纵坐标轴的直线）。

1. 真子午线方向

地理坐标系统中的子午线称为真子午线，也就是通过地面上一点指向地球北极的方向。真子午线的方向可以用天文测量的方法或用陀螺经纬仪观测的方法确定。

2. 磁子午线方向

磁子午线的方向是用磁针来确定的。磁针静止时，指向地球的南北两个磁极。过地面上某点与磁北极、磁南极所作的平面与地球表面的交线称为磁子午线。由于地球两磁极与地理南北极不一致，所以地球表面上任意一点的真子午线方向和磁子午线方向一般不一致。磁子午线与真子午线方向间的夹角称磁偏角，用 δ 表示，如图 2-6-9 所示。地球上不同地点的磁偏角有所不同。当磁子午线北端偏离真子午线以东的称为东偏；偏在真子午线以西的称为西偏。图 2-6-9 所示为东偏。

3. 坐标纵线方向

在测量工作中，我国一般情况下采用高斯平面坐标系，即将全国范围分成若干个 6° 带、3° 带，而每一投影带内都是以该投影带的中央子午线的投影作为坐标纵线的。因此，该带内的直线定向，就以该带的坐标纵线方向为标准方向。

地面上各点的真子午线方向与高斯平面直角坐标系中坐标纵线北方向之间的夹角，称为子午线收敛角，用符号 γ 表示，其值也有正有负。在中央子午线以东地区，各点的坐标纵线北方向偏向真子午线以东，为正值；在中央子午线以西地区，为负值，如图 2-6-10 所示。子午线收敛角的计算方法，将在后续其他课程中学习。

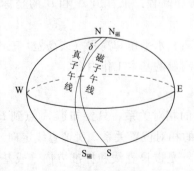

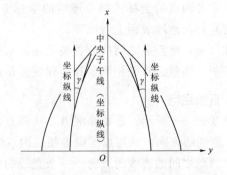

图 2-6-9 真子午线与磁子午线　　　　图 2-6-10 坐标北方向与子午线收敛角

（二）表示直线方向的方法

测量工作中常用方位角来表示直线的方向。

所谓直线的方位角就是从标准方向北端起，顺时针方向到某一直线的角度。方位角的取值范围是 $0°\sim360°$。

（1）真方位角：直线定向时，若以真子午线方向为标准方向来计算方位角，称为真方位角，一般用 A 表示。如图 2-6-11（a）中，过 O 点有直线 OM、OP、OT 和 OZ，则 A_1、A_2、A_3 和 A_4 分别为四条直线的真方位角。

（2）磁方位角：若以磁子午线为标准方向来计算方位角，称为磁方位角。一般用 A_m 表示，如图 2-6-11（b）所示。

（3）坐标方位角：若以坐标纵线为标准方向来计算方位角，称为坐标方位角，一般用 α 表示。如图 2-6-11（c）所示，AB 直线的坐标方位角为 α_{AB}。坐标方位角又称方向角。

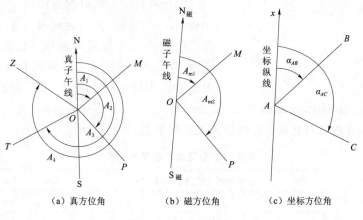

（a）真方位角　　　　　（b）磁方位角　　　　　（c）坐标方位角

图 2-6-11　方位角

（三）正、反坐标方位角

一条直线有正、反两个方向，一般以直线前进方向为正方向。在图 2-6-12 中，标准方向为坐标纵线，若从 A 到 B 为正方向，由 B 到 A 为反方向，则 BA 直线的坐标方位角又称反坐标方位角，用 α_{AB} 表示。

正、反方向的概念是相对来说的，若事先确定由 B 到 A 为前进方向，则又可称 α_{BA} 为正坐标方位角，而 α_{AB} 为反坐标方位角。

由于过直线两端点 A、B 的坐标纵线互相平行，故正、反坐标方位角相差 $180°$，即

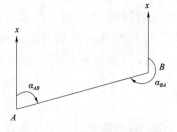

$$\alpha_{AB}=\alpha_{BA}\pm180°$$

图 2-6-12　正反坐标方位角

式中，反坐标方位角 α_{BA} 大于 $180°$ 时，取"一"号；否则，取"十"号。

顺便指出，由于通过不在同一真子午线（或磁子午线）上的地面各点的真子午线（或磁子午线）互相不平行，所以正、反真方位角（或磁方位角）不只相差 $180°$。标准方向为真子午线方向，直线 MN 的前进方向是由 M 到 N，则 A_{MN} 为正真方位角，而 A_{NM} 为反真方位角，显然

$$A_{NM} = A_{MN} + 180° + \gamma$$

式中：γ 为子午线收敛角。

子午线收敛角是随直线所处的位置不同而变化的，故正、反真方位角的计算是很不方便的。因此，在地形测量中，通常都采用坐标方位角来表示直线的方向。

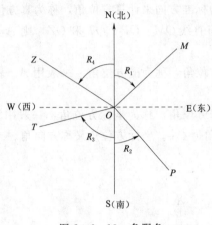

图 2-6-13 象限角

（四）象限角的概念

直线定向时，有时也用小于 90° 的角度来确定。过直线一端点的标准方向线的北端或南端，顺时针或逆时针量至直线的锐角，称为该直线的象限角。一般用 R 表示，象限角值为 0°～90°。若分别以真子午线、磁子午线和坐标纵线作为标准方向，则相应的有真象限角、磁象限角和坐标象限角。

由于具有同一角值的象限角，在四个象限中都能找到，所以用象限角定向时，除了角值之外，还须注明直线所在象限的名称：北东、南东、南西、北西。图 2-6-13 中，分别位于第一、二、三、四象限内的直线 OM、OP、OT、OZ 的象限角为北东 R_1、南东 R_2、南西 R_3、北西 R_4。

直线的坐标方位角与其象限角的换算关系列于表 2-6-2 中。

表 2-6-2 坐标方位角与其象限角的关系

直线位置	由坐标方位角推算其象限角	由象限角推算其坐标方位角
北东，第一象限	$R_1 = \alpha_1$	$\alpha_1 = R_1$
南东，第二象限	$R_2 = 180° - \alpha_2$	$\alpha_2 = 180° - R_2$
南西，第三象限	$R_3 = \alpha_3 - 180°$	$\alpha_3 = 180° + R_3$
北西，第四象限	$R_4 = 360° - \alpha_4$	$\alpha_4 = 360° - R_4$

五、坐标计算的基本原理

（一）坐标增量

直线终点与起点坐标之差为坐标增量。如图 2-6-14 所示，在平面直角坐标系中，设直线起点 A 和终点 B 的坐标分别为 x_A、y_A 和 x_B、y_B。Δx_{AB} 表示由 A 到 B 的纵坐标增量；Δy_{AB} 表示由 A 到 B 的横坐标增量，即

$$\left.\begin{array}{l} \Delta x_{AB} = x_B - x_A \\ \Delta y_{AB} = y_B - y_A \end{array}\right\} \qquad (2-6-5)$$

反之，若直线起点为 B，终点为 A，则 B 到 A 的纵、横坐标增量为

$$\left.\begin{array}{l} \Delta x_{BA} = x_A - x_B \\ \Delta y_{BA} = y_A - y_B \end{array}\right\} \qquad (2-6-6)$$

式（2-6-5）、式（2-6-6）说明，A 到 B 和 B 到 A 的坐标增量绝对值相等，符号相反，即

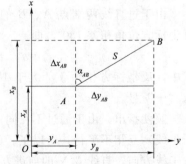

图 2-6-14 坐标与坐标增量

$$\left.\begin{array}{l}\Delta x_{AB}=-\Delta x_{BA}\\\Delta y_{AB}=-\Delta y_{BA}\end{array}\right\}\qquad(2-6-7)$$

可见，一直线坐标增量的正负号，取决于该直线的方向，而与直线本身所在的象限无关。图 2-6-15 为坐标增量正负号与直线方向的关系。

如果已知直线 AB 的长度为 S，坐标方位角为 α_{AB}，如图 2-6-14 所示，则 A 到 B 点的坐标增量也可计算为

$$\left.\begin{array}{l}\Delta x_{AB}=S\cos\alpha_{AB}\\\Delta y_{AB}=S\sin\alpha_{AB}\end{array}\right\}\qquad(2-6-8)$$

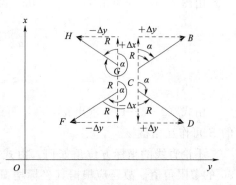

图 2-6-15　坐标增量与象限角

S 未加下标，因为直线长度本身无方向性。坐标方位角 α_{AB} 的取值范围为 $0°\sim360°$，故坐标增量的正、负号取决于 α_{AB} 所在的象限。根据图 2-6-15 及式（2-6-8），坐标增量的正、负号经归纳列于表 2-6-3 中。

表 2-6-3　　　　　　　　　　　坐标增量符号的判定

直线的方向		函 数 符 号		坐标增量符号	
坐标的方位角	相应的象限	cos	sin	Δx	Δy
$0°\sim90°$	北东	+	+	+	+
$90°\sim180°$	南东	−	+	−	+
$180°\sim270°$	南西	−	−	−	−
$270°\sim360°$	北西	+	−	+	−

（二）坐标正算

根据直线起点的坐标、直线的水平距离及其方位角，计算直线终点的坐标，称为坐标正算。

如图 2-6-14 所示，先求其坐标增量：

$$\Delta x_{AB}=S\cos\alpha_{AB}$$
$$\Delta y_{AB}=S\sin\alpha_{AB}$$

则，B 点的坐标 x_B、y_B 为

$$x_B=x_A+S\cos\alpha_{AB}$$
$$y_B=y_A+S\sin\alpha_{AB}\qquad(2-6-9)$$

【例 2-6-1】　设平面上一直线 AB，起点 A 的坐标为：$x_A=2507.687\text{m}$，$y_A=1215.630\text{m}$，AB 距离 $S=225.850\text{m}$，AB 方位角 $\alpha_{AB}=157°00'36''$，求 B 点坐标 x_B、y_B。

【解】　由式（2-6-9）得

$$x_B=2507.687+225.850\cos157°00'36''=2299.776(\text{m})$$
$$y_B=1215.630+225.850\sin157°00'36''=1303.840(\text{m})$$

（三）坐标反算

根据直线起点和终点的坐标，计算直线的边长和方位角，称为坐标反算。如图 2-6-14 所示，已知 A、B 点的坐标分别为（x_A，y_A）及（x_B，y_B），求算 AB 直线的坐标方位角

α_{AB} 及长度 S。

由图 2-6-14 可得：
$$\tan\alpha_{AB}=\frac{\Delta y_{AB}}{\Delta x_{AB}}=\frac{y_B-y_A}{x_B-x_A} \qquad (2-6-10)$$

$$\alpha_{AB}=\arctan\frac{y_B-y_A}{x_B-x_A} \qquad (2-6-11)$$

$$S=\frac{\Delta y_{AB}}{\sin\alpha_{AB}}=\frac{\Delta x_{AB}}{\cos\alpha_{AB}} \qquad (2-6-12)$$

由式（2-6-11）求出 α_{AB} 后，再由式（2-6-12）计算出 S。用正弦和余弦两次算出的 S 可作互相检核。

不论直线的坐标方位角如何，由式（2-6-11）直接计算出来的角度绝对值都为小于 90°的象限角值。故还应根据其坐标增量的正、负号，按表 2-6-2 中的关系，换算成相应的坐标方位角。

若只需计算直线的长度，也可用式（2-6-13）计算出 S。
$$S=\sqrt{\Delta x_{AB}^2+\Delta y_{AB}^2}=\sqrt{(x_B-x_A)^2+(y_B-x_A)^2} \qquad (2-6-13)$$

【例 2-6-2】 设直线 A、B 两点的坐标分别为

$$x_A=104342.990\text{m},\qquad x_B=102404.500\text{m}$$
$$y_A=573814.290\text{m},\qquad y_B=570525.720\text{m}$$

求 AB 距离及坐标方位角。

【解】 由 A、B 两点的坐标可得坐标增量为

$$\Delta y_{AB}=-3288.570\text{m},\quad \Delta x_{AB}=-1938.490\text{m}$$

由坐标增量的符号判断，AB 直线所指方向为第三象限，由式（2-6-11）计算出的象限角值为 $R_{AB}=59°28'56''$。

则
$$\alpha_{AB}=180°+59°28'56''=239°28'56''$$

$$S=\frac{\Delta y_{AB}}{\sin\alpha_{AB}}=3817.386(\text{m})$$

或
$$S=\frac{\Delta x_{AB}}{\cos\alpha_{AB}}=3817.385(\text{m})$$

（四）坐标方位角推算

推算导线各边坐标方位角是根据高一级点间的已知坐标方位角与测得的连接角，求出导线起始边的坐标方位角，然后利用各水平角推算出各导线边的坐标方位角。

如图 2-6-16 所示，1-2 边的坐标方位角为已知，导线的前进方向为 1→2→3→…→ n，若观测的是导线左角（如 β_2），不难看出由相邻两边的坐标方位角，可求出他们之间所夹的左角 β_2，即

$$\beta_2=\alpha_{23}-\alpha_{21}$$

故
$$\alpha_{23}=\alpha_{21}+\beta_2$$

由于正反坐标方位角相差±180°，故

$$\alpha_{21}=\alpha_{12}\pm180°$$

显然
$$\alpha_{23}=\alpha_{12}+\beta_2\pm180°$$

若观测的是导线右角（如 β_3），也可利用右角推算坐标方位角。从图 2-6-16 可看出：

$$\beta_3 = \alpha_{32} - \alpha_{34}$$

故
$$\alpha_{34} = \alpha_{32} - \beta_3$$

而
$$\alpha_{32} = \alpha_{23} \pm 180°$$

则
$$\alpha_{34} = \alpha_{23} - \beta_3 \pm 180°$$

若规定左角 β_i 取"＋"号，右角 β_i 取"－"号，则可写成一般形式：

$$\alpha_{i,(i+1)} = \alpha_{(i-1)i} \pm \beta_i \pm 180° \qquad (2-6-14)$$

式中：i 为按图 2-6-16 的导线点编号。

式 (2-6-14) 表明，导线前一边的方位角，等于后一边的方位角加折角（左角取"＋"，右角取"－"），再加或减 180°。

实际计算时，因坐标方位角的取值范围为 0°～360°，故依式 (2-6-14) 推算出的坐标方位角若大于 360° 时，应减去 360°；若为负值时，应加 360°。

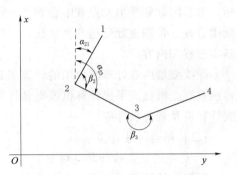

图 2-6-16 坐标方位角推算

【例 2-6-3】 如图 2-6-16 所示，已知 1-2 的坐标方位角 $\alpha_{12} = 200°18'21''$，$\beta_2 = 88°15'17''$，$\beta_3 = 220°05'24''$，求 α_{23} 及 α_{34}。

【解】 应用式 (2-6-14)，可连续求得：

$$\alpha_{23} = 200°18'21'' + 88°15'17'' - 180° = 108°33'38''$$

$$\alpha_{34} = 108°33'38'' - 200°05'24'' + 180° = 68°28'14''$$

（五）支导线各个未知点的坐标计算

在支导线计算中，从一已知点开始，由推算出的各边坐标方位角和边长，就可依次求出各导线点的坐标。

支导线中没有多余的观测值，所以它不存在数据之间的检核关系，因此，也无法对角度和边长的测量数据进行检核，支导线的计算步骤如下：

（1）根据已知起始点的坐标反算出已知边的坐标方位角，并进行计算检核。

（2）根据已知边的坐标方位角和观测的导线上的水平角，推算出各导线边的坐标方位角。

（3）根据所测得的导线边长和推算出的各导线边的坐标方位角计算各边的坐标增量。

（4）根据给定的已知高级点的坐标和计算出的坐标增量依次推算各点的坐标。

从支导线的计算过程可以看出，支导线缺少对观测数据的检核，因此，在实际工作中使用支导线时一定要谨慎。根据相关规范规定，一般情况下，支导线只限于在图根导线和地下工程导线中使用。对于图根导线，支导线的未知点数一般规定不超过 3 个点。

六、闭合导线内业计算

（一）导线内业计算概述

导线测量内业计算的目的是求出导线上各个未知点的平面坐标。

计算前，必须先对外业记录进行全面的整理和检查，以确保原始数据的正确性。然后绘制导线略图，图上注明点号和相应的角度与边长，供计算时参考。

计算任一点的坐标，必须知道一个已知点的坐标，以及已知点到未知点的距离和坐标方位角。导线测量中，点间距离直接测定，其坐标方位角则要根据已知方向、导线连接角和折角经推算才能得到。

支导线计算中，从一已知点开始，由推算出来的各边坐标方位角和边长，就可依次求出各导线点的坐标。

导线布设的主要形式是闭合导线和附合导线，必要时还需布设结点导线。由于导线的边长和角度测量中不可避免地存在误差，所以在导线计算中将会出现两种情况：一是观测角的总和与导线几何图形的理论值不符，即角度闭合差；二是从已知点出发，逐点计算各点坐标，最后闭合到原出发点或附合到另一已知点时，其推算的坐标值与已知坐标值不符，即坐标闭合差。合理地处理这两种情况，正确计算出各导线点的坐标，就是导线测量内业计算的基本过程和内容。

导线测量内业计算时使用的计算工具与其他测量内业计算一样，过去通常用对数表、三角函数表、机械式手摇计算机或电动计算机、算盘等；目前，则主要使用函数型电子计算器或计算机及相关软件等。

（二）闭合导线计算

1. 角度闭合差的计算与调整

设闭合导线有 n 条边，由几何学可知，平面闭合多边形的内角和的理论值为

$$\sum \beta_{\text{理}} = (n-2) \times 180° \tag{2-6-15}$$

若闭合导线内角观测值的和为 $\sum \beta_{\text{测}}$，则角度闭和差为

$$f_\beta = \sum \beta_{\text{测}} - \sum \beta_{\text{理}} = \sum \beta_{\text{测}} - (n-2) \times 180° \tag{2-6-16}$$

f_β 绝对值的大小，说明角度观测的精度。一般图根导线的 f_β 的允许值，即其极限中误差，应为

$$f_{\beta\text{允}} = \pm 40'' \sqrt{n} \tag{2-6-17}$$

式中：n 为导线折角个数。

若 $|f_\beta| > |f_{\beta\text{允}}|$，则应重新观测各折角；若 $|f_\beta| \leqslant |f_{\beta\text{允}}|$，通常将 f_β 反号，平均分配到各折角的观测值中。调整分配值称角度改正数，以 V_β 表示，即

$$V_\beta = -f_\beta / n \tag{2-6-18}$$

角度及其改正数取至秒，如果上式不能整除，可将余数凑给短边夹角的改正数中，最后使 $\sum V_\beta = -f_\beta$。将角度观测值加上改正数后，即得到改正后的角值，也称平差角值。

改正后的导线水平角之间必须满足正确的几何关系。

2. 推算导线各边的坐标方位角

推算闭合导线各边坐标方位角是根据高一级点间的已知坐标方位角与测得的连接角，求出导线起始边的坐标方位角，然后利用各平差角推算出各导线边的坐标方位角。

关于导线边坐标方位角的推算详细过程前面已经学习过了，这里不再赘述。

3. 坐标增量计算

依据导线各边丈量结果及坐标方位角推算结果，就可利用坐标增量计算公式，求出各边的坐标增量。

4. 坐标增量闭和差计算及调整

由图 2-6-17 可以看出，闭合导线边的纵、横坐标增量的代数和应分别等于零，即

$$\sum \Delta x_{\text{理}} = 0$$
$$\sum \Delta y_{\text{理}} = 0 \tag{2-6-19}$$

但是，由于不仅量边有误差，而且平差角值也有误差，致使计算的坐标增量代数和不一定等于零，即

$$\sum \Delta x_{\text{计}} = f_x$$
$$\sum \Delta y_{\text{计}} = f_y \qquad (2-6-20)$$

式中：f_x 为纵坐标增量闭合差；f_y 为横坐标增量闭合差。

导线存在坐标增量闭合差，反映了导线没有闭合，其几何意义如图 2-6-18 所示。导线全长闭合差，以 f_S 表示，按几何关系得

$$f_S = \sqrt{f_x^2 + f_y^2} \qquad (2-6-21)$$

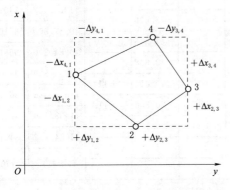

图 2-6-17 闭合导线坐标增量

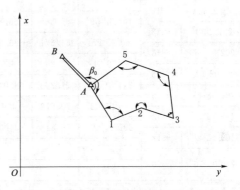

图 2-6-18 图根闭合导线

一般来说，导线越长，累计的误差越大，这样 f_S 也会相应增大。所以衡量导线的精度不能单纯以 f_S 的大小来判断。导线的精度，通常是以相对闭合差来表示的，若以 K 表示相对闭合差，$\sum S$ 表示导线的全长，则

$$K = \frac{f_S}{\sum S} = \frac{1}{\dfrac{\sum S}{f_S}} \qquad (2-6-22)$$

相对闭合差要以分子为 1 的形式表示。分母越大，导线精度越高。图根导线相对闭合差一般小于 1/2000，在特殊困难地区不应超过 1/1000。

若导线相对闭合差在允许的限度之内，则将 f_x、f_y 分别反号并按与导线边长成正比原则，调整相应的纵、横坐标增量。若以 V_{x_i}、V_{y_i} 分别表示第 i 边纵、横坐标增量改正数，则

$$V_{x_i} = -\frac{f_x}{\sum S} S_i$$
$$V_{y_i} = -\frac{f_y}{\sum S} S_i \qquad (2-6-23)$$

坐标增量改正数计算至毫米。由凑整而产生的误差，可调整到长边的坐标增量改正数上，使改正数总和满足

$$\sum V_x = -f_x$$
$$\sum V_y = -f_y \qquad (2-6-24)$$

将坐标增量加上各自的改正数，得到调整后的坐标增量。改正后的坐标增量应满足 $\sum \Delta x = 0$、$\sum \Delta y = 0$，以资查核。

5. 坐标计算

根据已知点的坐标和改正后的坐标增量，依坐标正算公式（2-6-5），依次推算各点坐

标，并推算出闭合导线的起始点，该值应与已知值一致，否则计算有错误。

【例 2 - 6 - 4】　设图 2 - 6 - 18 所示的闭合导线为图根导线。已知数据和整理好的观测角值及边长，均列入表 2 - 6 - 4 中，试计算各导线点坐标。全部计算均在表 2 - 6 - 4 中进行。

表 2 - 6 - 4　　　　　　　　　　　　闭合导线坐标计算表

点名	观测角	改正数	坐标方位角	水平距离	x 坐标增量	改正数	y 坐标增量	改正数	坐标	
									x	y
1	2	3	4	5	6	7	8	9	10	11
A	193°42′12″ (连接角)	-12	150°50′47″						11024.142	3491.577
			164°32′59″	65.365	-66.858	+16	+18.479	+11		
1	75°52′30″	-13							10957.300	3510.067
			60°25′17″	54.671	+26.987	+13	+47.546	+9		
2	202°04′27″	-13							10984.300	3557.622
			82°29′31″	73.266	+9.573	+17	+72.638	+11		
3	82°02′12″	-13							10993.890	3630.271
			344°31′30″	71.263	68.679	+17	-19.014	+11		
4	101°53′45″	-13							11062.586	3611.268
			266°25′02″	70.678	-4.417	+17	-70.540	+11		
5	148°52′40″	-13							11058.186	3540.739
			235°17′29″	59.814	-34.058	+14	-49.171	+9		
A	109°15′42″	-12							11024.142	3491.577
			164°32′59″							
Σ	720°01′16″	-76	(检核)						(检核)	(检核)

辅助计算	角度闭合差：$f_\beta = +01′16″$　角度闭合差允许值：$f_{\beta允} = \pm01′38″$
	x 增量闭合差：$f_x = -94\text{mm}$
	y 增量闭合差：$f_y = -62\text{mm}$
	导线闭合差：$f_s = 112.6\text{mm}$　导线相对精度：$K = 1/3544$

【解】　计算步骤如下所示：

(1) 将起算边 BA 的坐标方位角（150°50′47″）、连接角和已知点 A 的坐标抄入闭合导线计算表格的第 4、第 2、第 10、第 11 栏。

(2) 将经过整理的外业工作成果中的其他水平角及水平边长抄入第 2 栏和第 5 栏。

(3) 将第 2 栏闭合导线内角求和并求出角度闭合差 $f_\beta = +01′16″$，再计算 $f_{\beta允} = \pm01′38″$，然后将它们表示在备注栏内。因 $f_\beta < f_{\beta允}$，故将 f_β 反号平均调整给闭合导线各内角，改正数写在第 3 栏。

(4) 根据起算边 BA 的坐标方位角和连接角计算 A - 1 边的坐标方位角（164°32′59″），再由改正后的各折角推算其余各边的坐标方位角。为了检核，要从 5 - A 边的方位角再推算出 A - 1 边的坐标方位角。所有坐标方位角值都写在第 4 栏。

(5) 用电子计算器计算坐标增量，即由第 4、第 5 栏按公式 $\Delta x = S\cos\alpha$、$\Delta y = S\sin\alpha$ 计算出第 6、第 8 栏各相应坐标增量数值。

(6) 计算坐标增量闭合差 f_x、f_y，计算导线全长闭合差 f_s 和相对闭合差 K，并写入备注栏内。

(7) 因相对闭合差合乎要求，故据 f_x、f_y 按式（2 - 6 - 20）计算坐标增量改正数，并将其写入第 7、第 9 栏内。

(8) 根据 A 点已知坐标和改正后的坐标增量依次计算导线各点坐标并写第 10、第 11 栏内。

子学习情境 2-7　附合导线内业计算

附合导线计算与闭合导线计算步骤基本相同，但是由于两者布设形式不同，表现在角度闭合差和坐标增量闭合差的计算公式上略有差别。下面着重介绍其不同之处。

一、角度闭合差计算与调整

设附合导线如图 2-7-1 所示。起始边 BA 和终边 CD 的坐标方位角 α_{BA} 及 α_{CD} 都是已知的，B、A、C、D 为已知的高级控制点，β_i 为观测角值（$i=1,2,\cdots,n$），附合导线编号从起始点 A 开始，并将 A 点编成 1 号点，终点 C 编成 n 点。

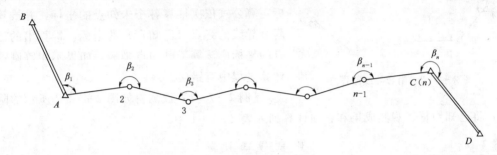

图 2-7-1　附合导线

从已知边 BA 的坐标方位角 α_{BA} 开始，依次用导线各左角推算出终边 CD 的坐标方位角 $\alpha_{CD'}$，即

$$\alpha_{12}=\alpha_{BA}+\beta_1\pm180°$$
$$\alpha_{23}=\alpha_{12}+\beta_2\pm180°$$
$$\cdots\cdots$$
$$\alpha_{CD}=\alpha_{(n-1)n}+\beta_n\pm180°$$

将上列等式两端分别相加，得

$$\alpha_{CD'}=\alpha_{BA}+\sum\beta_i\pm n180°$$

由于导线左角观测值总和 $\sum\beta$ 中含有误差，上面推算出的 $\alpha_{CD'}$ 与 CD 边已知值 α_{CD} 不相等，两者的差数即为附合导线的角度闭合差 f_β，即

$$f_\beta=\alpha_{CD'}-\alpha_{CD}=\sum\beta+\alpha_{BA}-\alpha_{CD}\pm n180°$$

写成一般形式，即

$$f_\beta=\sum\beta+\alpha_{始}-\alpha_{终}\pm n180° \tag{2-7-1}$$

附合导线闭合差允许值的计算公式及角度闭合差的调整方法与闭合导线相同。值得指出的是，计算式（2-7-1）中的 $\sum\beta$ 时，包含了连接角，故在调整角度闭合差时，也应包括连接角在内。

二、坐标增量闭合差的计算与调整

按附合导线的要求，导线各边坐标增量代数和的理论值应等于终点（如 C 点）与起点（如 A 点）的已知坐标值之差，即

$$\begin{cases} \sum\Delta x_{理}=x_{终}-x_{始} \\ \sum\Delta y_{理}=y_{终}-y_{始} \end{cases} \tag{2-7-2}$$

因测角量边都有误差，故从起点推算至终点的纵、横坐标增量的代数和 $\sum \Delta x_测$、$\sum \Delta y_测$ 与 $\sum \Delta x_理$、$\sum \Delta y_理$ 不一致，从而产生增量闭合差，即

$$\begin{cases} f_x = \sum \Delta x_测 - \sum \Delta x_理 \\ f_y = \sum \Delta y_测 - \sum \Delta y_理 \end{cases} \qquad (2-7-3)$$

$$f_S = \sqrt{f_x^2 + f_y^2} \qquad (2-7-4)$$

将坐标增量加上各自的改正数，得到调整后的坐标增量。改正后的坐标增量应满足 $\sum \Delta x =$ 已知点之间的 x 坐标增量、$\sum \Delta y =$ 已知点之间的 y 坐标增量，以资查核。

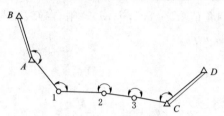

图 2-7-2 附合导线略图

三、坐标计算

根据已知点的坐标和改正后的坐标增量，依坐标正算公式依次推算各个未知点的坐标，并推算出附合导线的终点（已知点）的坐标，推算出的已知点的坐标应该等于已知点坐标，如果不相等则说明计算过程中有错误。

【例 2-7-1】设测得如图 2-7-2 所示的附合导线，将已知数据、观测成果和各项计算列入表 2-7-1 中。

表 2-7-1　　　　　　　　　　附 合 导 线 计 算

点名	观测角	改正数	坐标方位角	水平距离	x 坐标增量	改正数	y 坐标增量	改正数	坐标		备注
									x	y	
1	2	3	4	5	6	7	8	9	10	11	12
B			157°00′36″								
A	167°45′36″	+6							2299.824	1303.802	
			144°46′18″	138.902	−113.463	+26	+80.124	−12			
1	123°11′24″	+6							2186.387	1383.914	
			87°57′48″	172.569	+6.133	+32	+172.460	−15			
2	189°20′30″	+6							2192.552	1556.359	
			97°18′24″	100.094	−12.730	+19	+99.281	−8			
3	179°59′24″	+6							2179.841	1655.632	
			97°17′54″	102.478	−13.018	+19	101.648	−9			
C	129°27′24″	+6							2166.842	1757.271	
			46°45′24″								
D											
辅助计算	角度闭合差：$f_\beta = -30″$　　　　　　角度闭合差允许值：$f_{\beta允} = \pm 89″$　　　x 增量闭合差：$f_x = -96$mm　　　　　　y 增量闭合差：$f_y = +44$mm　　　导线闭合差：$f_s = \sqrt{f_x^2 + f_y^2} = 106$mm　　导线相对精度：$K = 1/4839 < 1/2000$										

子学习情境 2-8　三角测量与解析交会

一、概述

采用图根三角锁（网）测量是过去建立图根平面控制的常用方法。在已知高级控制点的

基础上，将图根控制点进行适当的连接呈三角形；由若干三角形组成的锁或网形，称图根三角锁或图根三角网。在图根三角锁（网）中，必须有足够的起算数据：一条已知边长，一个已知方向和一个已知点的坐标。若观测了锁（网）中所有三角形的内角，应用正弦定理，即可逐个求出锁（网）中的全部边长；再根据已知点坐标和已知坐标方位角，推算出图根点的坐标。如此测算三角锁（网）的工作，称为图根三角锁（网）测量。

图根三角锁（网）测量，受地形限制较小，布设灵活，加密点较多，通常不需要丈量边长，且控制面积较大，因而在测图作业中得到广泛的应用。

在图根三角锁（网）中最常用的布设形式是图根线形锁。图根三角锁（网）的基本图形是中点多边形和大地四边形。

1. 线形锁

两端点附合到两个已知坐标的高级控制点上的三角锁，叫线形锁，如图 2-8-1 所示。在线形锁中，除观测各三角形所有内角外，若两端高级控制点 A、B 间通视，还需观测 AB 连线与三角形一边的夹角 φ_1 和 φ_2，这两个夹角称为内定向角，这种线形锁称为内定向线形锁，如图 2-8-1（a）所示。在图 2-8-1（b）中，A、B 间互不通视，则可利用已知方向 AM 和 BN，观测夹角 φ_1 和 φ_2，这时 φ_1 和 φ_2 称为外定向角，故这种线形锁称为外定向线形锁。

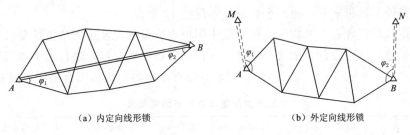

（a）内定向线形锁　　　　　　　　（b）外定向线形锁

图 2-8-1　线形锁

2. 中点多边形

以一中心为公共顶点（极点），各三角形以一公用边依次毗连而构成的闭合图形，称为中点多边形，如图 2-8-2 所示。

3. 大地四边形

具有双对角线的四边形，称为大地四边形，如图 2-8-3 所示。

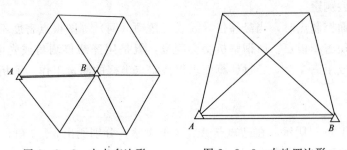

图 2-8-2　中点多边形　　　　图 2-8-3　大地四边形

图根三角测量主要技术要求应符合表 2-8-1 的规定。

表 2 - 8 - 1 图根三角测量的主要技术要求

边长/m	测角中误差/(″)	三角形个数	DJ6 测回数	三角形闭合差/(″)	方位角闭合差/(″)
≤1.7 倍测图最大视距	±20	≤12	1	≤±60	$\pm 40\sqrt{n}$

注 n 为测站数。

二、图根三角锁（网）的外业工作

图根三角锁（网）测量的外业工作包括：选点、埋设点的标志、竖立标杆、水平角观测等项。首先在测区已有的旧地形图上，根据高级控制点的分布情况、测图比例尺的大小、地形条件，结合地形测量规范要求，拟定图根三角锁（网）的布设方案；然后再到实地去踏勘，根据实际情况对布设方案作必要修改，最后在实地选定点位。

选点时，除考虑视野开阔、通视良好、便于测角、土质坚实等因素外，还要满足下列要求：

（1）锁（网）平均边长，一般在 1/1000 比例尺测图时为 170m，在 1/2000 比例尺测图时为 350m，在 1/5000 比例尺测图时为 500m。

（2）锁（网）中三角形各边长应尽量接近，在三角形中用作连续传算边长的求距角一般不小于 30°，个别三角形的求距角也不得小于 20°。

（3）锁（网）点点位应尽量均匀分布，线形锁中的图根点要尽量布设在两端已知点连线的两侧，呈直伸形，组成的三角形个数一般不超过 12 个。

点位确定以后，埋石点的数量应按规范中图根点数量规定及用图单位的要求确定，其余用木桩加以标志，然后进行点的统一编号，并在埋石点上立标杆；进行水平角观测，有关测角的技术要求，参见表 2 - 8 - 2。另外，要求只能有个别的三角形闭合差接近限差 ±60″。

表 2 - 8 - 2 小三角测量基本参数与精度要求

级别	平均边长/m	测角中误差/(″)	三角形个数	起始边长相对中误差	最弱边长相对中误差	测回数		三角形最大闭合差/(″)	方位角闭合差/(″)
						J2	J6		
一级小三角	1000	±5	6~7	1/4 万	1/2 万	2	6	±15	$\pm 12\sqrt{n}$
二级小三角	500	±10	6~7	1/2 万	1/1 万	1	2	±30	$\pm 24\sqrt{n}$
图根小三角	75	±20	12 以下	1/1 万			1	±60	$\pm 40\sqrt{n}$

三、解析交会测量

布设图根平面控制点时，当经纬仪导线或三角锁（网）等图根点密度不够时，可用解析交会测量的方法加密图根点。所谓解析交会测量，就是用经纬仪测角或光电测距仪测距离，然后，利用角度或距离交会，经过计算而求得待定点坐标的测量工作。解析交会一般有下列几种。

1. 前方交会

如图 2 - 8 - 4（a）所示，在已知点 A、B 上设站，分别测出 α、β 角，通过计算求得 P 点坐标。这种方法称为前方交会。

为了检核，还要在第三个已知点 C 上设站，这样共测出 α_1、β_1、α_2、β_2 四个角，如图 2 - 8 - 4（b）所示。通过计算出 P 点两组坐标进行比较，即可检核观测质量。

2. 侧方交会

如图 2-8-5（a）所示，若分别在一个已知点 A（或 B）和待定点上设站，测出 α 角（或 β 角）和 γ 角，通过计算求得 P 点坐标。这种方法称侧方交会。

为了检核，还要在 P 点多观测一个已知点 K，测出检验角 ε，如图 2-8-5（b）所示。比较坐标反算求得的 ε 角值与实测的 ε 角值，即可检核观测质量。

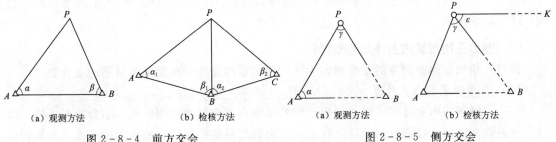

（a）观测方法　　（b）检核方法	（a）观测方法　　（b）检核方法
图 2-8-4　前方交会	图 2-8-5　侧方交会

3. 后方交会

如图 2-8-6（a）所示，在待定点 P 上设站，对三个已知点进行观测，测出角 α、β，通过计算求得 P 点坐标，这种方法称后方交会。

为了检核，在待定点 P 上，还应多观测一个已知点 K，测得 ε 角，如图 2-8-6（b）所示。比较坐标反算求得的 ε 角值与实测的 ε 角值，即可检核观测质量。

4. 单三角形

如图 2-8-7 所示，在已知点 A、B 和待定点 P 上设站，分别测出 α、β 及 γ 角，计算出 P 点坐标，这种方法称单三角形。

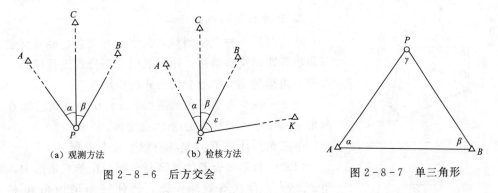

（a）观测方法　　（b）检核方法	
图 2-8-6　后方交会	图 2-8-7　单三角形

单三角形因观测了三角形三个内角，可用 $\alpha+\beta+\gamma=180°$ 作检核条件。

5. 距离交会

如图 2-8-8（a）所示，在待定点 P 上设站，用光电测距仪分别观测已知点 A、B，测出 P 点至 A、B 的距离 S_1、S_2，通过计算求得 P 点坐标。这种方法称为距离交会。

为了检核，可在 P 点多观测一个已知点 C，测出 P 点至 C 点的距离 S_3，利用 S_2、S_3 求得 P 点的又一组坐标，通过两组坐标进行比较来检查

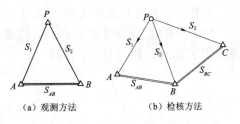

（a）观测方法　　　（b）检核方法

图 2-8-8　距离交会

观测质量，如图 2-8-8（b）所示。

解析交会测量中，角度交会测量的外业工作与图根三角锁（网）测量的外业工作基本相同，但应指出，在交会图形中，由待定点至相邻两已知点方向间的交角（称交会角）不能过大或过小，交会角在 70°左右最好，否则将引起大的点位误差。一般测量规范规定交会角不应小于 30°或大于 150°。另外，为了提高交会测量外业效率，测角交会的角度观测，应尽量与图根三角锁（网）同时进行。还需特别注意的是后方交会中，待定点 P 不能选择在危险圆处或危险圆附近。

四、图根三角测量内业计算的原理

图根三角测量内业计算的主要内容为小三角测量内业计算和交会测量的内业计算。

1. 小三角测量的内业计算

小三角测量的内业计算，就是根据已知的高级点的坐标和观测数据，结合图形条件，通过科学的数据处理，合理分配处理闭合差，求出观测值的平差值，最后利用平面三角知识计算出各个未知三角点的平面坐标，同时进行精度评定。三角测量的平差计算分为严密的和近似的平差两种方法，对小三角测量可采用近似平差计算。

小三角网的计算过程如下：

（1）绘制三角网略图，并全面检查外业手簿。

（2）计算三角形闭合差，如果不超限，对闭合差进行分配和调整。

（3）根据正弦定理计算各个未知边长及其闭合差，并调整。

（4）求算三角形的边长。

（5）根据导线测量的计算方法计算坐标增量和各个未知点的坐标。

（6）进行精度评定。

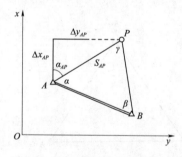

图 2-8-9 单三角形解算

2. 交会测量的内业计算

前文所述 5 种交会测量，其中前方交会、侧方交会、单三角形和距离交会都可以用著名的余切公式进行解算。下面以单三角形为例，学习余切公式的应用。

图 2-8-9 为单三角形图形，A、B 为高级已知点，观测角 α、β、γ，求解待定点 P 点坐标。

单三角形计算 P 点坐标有以下几个步骤。

（1）三角形闭合差的计算与分配。在单三角形中，观测角 α、β、γ 存在有观测误差，致使三角形内角和不等于 180°，因而产生了闭合差，即

$$f = \alpha + \beta + \gamma - 180°$$

处理闭合差的方法是将 W 反符号，平均分配到 α、β、γ 角中进行改正。

（2）坐标计算。按图 2-8-9，用改正后的 α、β 角及已知坐标，依式（2-8-1）直接算出 P 点坐标，即

$$\begin{cases} x_P = \dfrac{x_A \cot\beta + x_B \cot\alpha - y_A + y_B}{\cot\alpha + \cot\beta} \\ y_P = \dfrac{y_A \cot\beta + y_B \cot\alpha + x_A - y_B}{\cot\alpha + \cot\beta} \end{cases} \qquad (2-8-1)$$

式（2-8-1）称余切公式，它在测量计算中受到广泛的应用。应用该公式时，A、B、P 三点应为逆时针编排。α、β、γ 角也需与 A、B、P 三点按图 2-8-9 的规律对应编排，否则将会导致错误。表 2-8-3 为利用余切公式解算单三角形示例。

表 2-8-3　　　　　　　　　　单　三　角　形　计　算　示　例

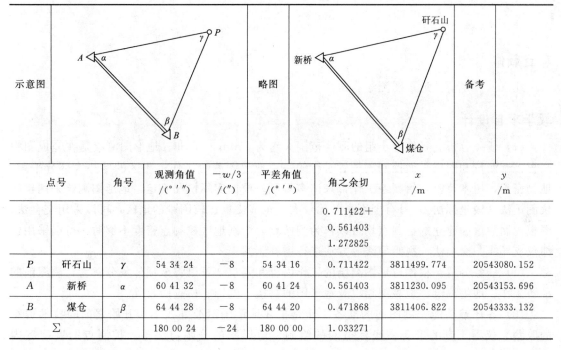

点号		角号	观测角值 /(° ′ ″)	−w/3 /(″)	平差角值 /(° ′ ″)	角之余切	x /m	y /m
						0.711422＋ 0.561403 1.272825		
P	矸石山	γ	54 34 24	−8	54 34 16	0.711422	3811499.774	20543080.152
A	新桥	α	60 41 32	−8	60 41 24	0.561403	3811230.095	20543153.696
B	煤仓	β	64 44 28	−8	64 44 20	0.471868	3811406.822	20543333.132
Σ			180 00 24	−24	180 00 00	1.033271		

（3）检核计算

为检核计算中有无错误，可用求出 P 点坐标，将 P、A 作为已知点，计算 B 点坐标。若计算出的 B 点坐标与原坐标一致，则说明计算无误。检核计算 B 点坐标，显然应使用下式：

$$\begin{cases} x_B = \dfrac{x_P \cot\alpha + x_A \cot\gamma - y_P + y_A}{\cot\gamma + \cot\alpha} \\ y_B = \dfrac{y_P \cot\alpha + x_A \cot\gamma - y_P + y_A}{\cot\gamma + \cot\alpha} \end{cases} \qquad (2-8-2)$$

学习情境 3　地形图测绘

项目载体

北京×××学校地形图测绘

教学项目设计

（1）任务分析。各作业小组的测区范围大约为 200m×250m，地形图测绘是在完成图根高程控制测量和图根平面控制测量后进行的一项地形图测绘工作。测区的地势大部分平坦，地物密集，树木茂密，给测绘工作带来诸多不便。根据实际情况确定，地形图测绘采用经纬仪测记法（极坐标法）；只有个别高差比较大、距离丈量比较困难的地区，可以采用交会法；图根控制测量中建立的控制点均可以作为测站点，个别地区控制点密度不够时，可以采用经纬仪支导线、交会法、视距导线等方法进行增补测站。

（2）任务分解。根据地形图测绘的工作内容和要求，可以将该项任务分解为：测图前的准备工作、地物测绘、地貌测绘以及地形图的拼接、整饰、检查验收等。

（3）各环节功能。测图前的准备工作是指在地形图测绘外业工作开始之前的技术资料的收集、仪器工具的准备、坐标格网的绘制、地形图的分幅与编号、控制点的展绘等内容；地物测绘是通过外业测绘工作，完成测区内的各种地物的测绘工作，并将它们绘制到地形图上；地貌测绘则是通过外业测绘工作将测区内的自然地貌用等高线等形式表示在测绘的地形图上；而地形图的拼接、整饰、检查验收则是各作业组的地形图测绘外业工作完成后将各作业组测绘的图纸进行拼接，消除由于测图误差引起的图边上的矛盾。地形图的检查验收是地形图测绘工作的最后一个环节，内容包括图纸的内外业检查、测绘资料的提交和技术总结等。

（4）作业方案。测区内的图根高程控制测量和图根平面控制测量已经完成，地形图测绘时采用自由分幅与编号方法，坐标格网的绘制采用专用格网尺法，展绘控制点后采用经纬仪测记法（极坐标法）等进行地物地貌的测绘，地形图测绘外业工作完成后进行地形图的拼接、检查和验收工作，并提交相关的测绘资料和技术总结。

（5）教学组织。本学习情景的教学共分为 4 个相对独立又紧密联系的子学习情境。教学过程中以作业组为单位，每组一个测区，在测区内分别完成测图前的准备工作、地物测绘、地貌测绘、地形图的拼接与检查验收作业任务。作业过程中教师全程参与指导。每组领用的仪器设备包括经纬仪、测钎、花杆、钢尺、小钢尺、测伞、点位标志、记录板、记录手簿等。要求尽量在规定时间内完成外业作业任务，个别作业组在规定时间内没有完成的，可以利用业余时间继续完成任务。在整个作业过程中教师除进行教学指导外，还要实时进行考评并做好记录，作为成绩评定的重要依据。

子学习情境 3 - 1　测图前的准备工作

地形图是表示地球表面局部形态平面位置和高程的图纸。地球表面的形态非常复杂，既有高山、深谷，又有房屋、森林等，但这些复杂形态总体上可以分为两大类，即地物和地貌。地物是指地球表面各种自然形成的和人工修建的固定物体，如房屋、道路、桥涵、河流、植被等；地貌是指地球表面的高低起伏形态，如高山、丘陵、深谷、平原、洼地等。所谓地形就是地物和地貌的总称。将地物和地貌的平面位置和高程按一定的数学法则，用统一规定的符号和注记表示在图上就是地形图。地形图的基本要素主要包括以下几类。

（1）数学要素。即图的数学基础，如坐标网、投影关系、图的比例尺和控制点等。

（2）自然地理要素。即表示地球表面自然形态所包含的要素，如地貌、水系、植被和土壤等。

（3）社会经济要素。即地面上人类在生产活动中改造自然界所形成的要素，如居民地、道路网、通信设备、工农业设施、经济文化和行政标志等。

（4）注记和整饰要素。即图上的各种注记和说明，如图名、图号、测图日期、测图单位、所用坐标和高程系统等。

地形图通常采用正射投影。由于地形测图范围一般不大，故可将参考椭球体近似看成圆球，当测区范围更小（小于 100km^2 时），还可把曲面近似看成过测区中心的水平面。当测区面积较大时，必须将地面各点投影到参考椭球体面上，然后，用特殊的投影方法展绘到图纸上。如图 3 - 1 - 1 所示地形图的比例尺为 1：2000。

为了便于测绘、使用和保管地形图，须将地形图按一定的规则进行分幅和编号。中小比例尺地形图一般采用按经纬线划分的梯形分幅法。大比例尺 1：500、1：1000、1：2000、1：5000 的地形图，采用正方形分幅。

一幅地形图是用图幅内最著名的地名、企事业单位或突出的地物、地貌的名称来命名的，图号按统一的分幅编号法则进行编号。图名和图号均注写在北外图廓的中央上方，图号注写在图名下方。

为了反映本幅图与相邻图幅之间的邻接关系，在外图廓的左上方绘有 9 个小格的邻接图表。中间画有斜线的 1 格代表本幅图，四周 8 格分别注明了相邻图幅的图名，利用接图表可方便地进行地形图的拼接。

图廓是地形图的边界，分为内图廓和外图廓。内图廓线是由经纬线或坐标格网线组成的图幅边界线，在内图廓外侧距内图廓 1cm 处，再画一平行框线叫外图廓。在内图廓外四角处注有以公里为单位的坐标值；外图廓左下方注明测图方法、坐标系统、高程系统、基本等高距、测图年月、地形图图式版别。

《地形图图式》是测绘、出版地形图的基本依据之一，是识读和使用地形图的重要工具，其内容概括了各类地物、地貌在地形图上表示的符号和方法。测绘地形图时应以《地形图图式》为依据来描绘地物、地貌。

地形图（特别是大比例尺地形图）是解决国民经济、国防建设中各类工程设计和施工问题时所必需的重要资料。地形图上表示的地物、地貌应内容齐全，位置准确，符号运用统一、规范。图面清晰、明了，便于识读与应用。

茶园	白杨湾	新站
砖厂		水泥厂
金水桥	陈家村	草坪

柑园村
21.0-10.0

1:2000

2008年10月经纬仪测绘法测图
独立直角坐标系
1956年黄海高程系，等高距为1m

测量员
检查员

图 3-1-1 地形图

一、地形图的分幅与编号

为了便于测绘、拼接、使用和保管地形图，需要用各种比例尺的地形图按统一的规定进行分幅与编号。

根据地形图比例尺的不同，有正方形和梯形两种分幅与编号的方法。大比例尺地形图，一般采用正方形分幅；中小比例尺地形图采用梯形分幅。对于大面积的 1∶5000 比例尺测图，有时也采用梯形分幅。

（一）正方形分幅与编号

正方形分幅是按平面直角坐标的纵横坐标线为界限来分幅的。

如图 3-1-2 所示，一幅 1∶5000 的地形图包括 4 幅 1∶2000 的地形图；一幅 1∶2000 的地形图包括 4 幅 1∶1000 的地形图；一幅 1∶1000 的地形图包括 4 幅 1∶500 的地形图。正方形图廓的规格如表 3-1-1 所示。

正方形图幅的编号方法有以下两种。

表 3-1-1   正方形分幅的图廓规格

比例尺	图廓的大小/(cm×cm)	实地面积/km²	一幅 1:5000 地形图中所包含的图幅数	图廓西南角坐标/m
1:5000	40×40	4	1	2000 的整数倍
1:2000	50×50	1	4	1000 的整数倍
1:1000	50×50	0.25	16	500 的整数倍
1:500	50×50	0.0625	64	50 的整数倍

1. 坐标编号法

当测区已与国家控制网联测时，图幅的编号由下列两项组成：

（1）图幅所在投影带的中央子午线经度。

（2）图幅西南角的纵、横坐标值（以 km 为单位），纵坐标在前，横坐标在后。

1:5000 地形图图幅编号为"117°-3810.0-13.0"，即表示该图幅所在投影带的中央子午线经度为 117°，图幅西南角坐标 $x=3810.0$ km，$y=13.0$ km（图 3-1-2）。

当测区尚未与国家控制网联测时，正方形图幅的编号只由图幅西南角的坐标组成。如图 3-1-3 所示为 1:1000 比例尺的地形图，按图幅西南角坐标编号法分幅，其中画阴影线的两幅图的编号分别为 3.0-1.5，2.5-2.5。

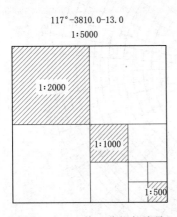

图 3-1-2　统一分幅与编号

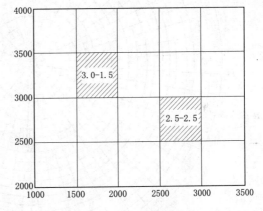

图 3-1-3　坐标编号法

这种方法的编号和测区的坐标值联系在一起，便于按坐标查找。

2. 数字顺序编号法和行列编号法

对于小面积测区，可从左到右、从上到下按数字顺序进行编号。图 3-1-4 中虚线表示××规划区范围，数字表示图号。

行列编号法是从上到下给横列编号，用 A、B、C、…、n 表示；从左到右给纵行编号，用 1、2、3、…、n 表示。先列号后行号组成图幅编号。例如 $A-1$、$A-2$、…、$B-1$、$B-2$ 等。

（二）梯形分幅和编号

梯形分幅是按经线和纬线来划分的。左右以经线为

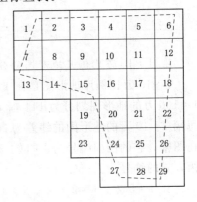

图 3-1-4　数字顺序编号法

界，上下以纬线为界，图幅形状近似梯形，故称梯形分幅。

1. 国际1：100万比例尺地形图的分幅与编号

1：100万比例尺地形图的分幅与编号是国际统一的，故称国际分幅编号。

如图3-1-5所示，国际分幅编号规定由经度180°起，自西向东，逆时针按经差6°分成60个纵列，并用阿拉伯数字1～60编号；由赤道起，向北分别按纬差4°各分成22个横行，由低纬度向高纬度各以拉丁字母A、B、…、V表示。这样，每幅1：100万图的编号是以该图幅所在的横行字母与纵列号数所组成，并在前面加上N或S，以区分是北半球还是南半球。我国位于北半球，图号前的N一般省略不写。例如首都北京所在的1：100万地形图的图幅号为J-50；徐州市所在的1：100万地形图的图幅编号为I-50。

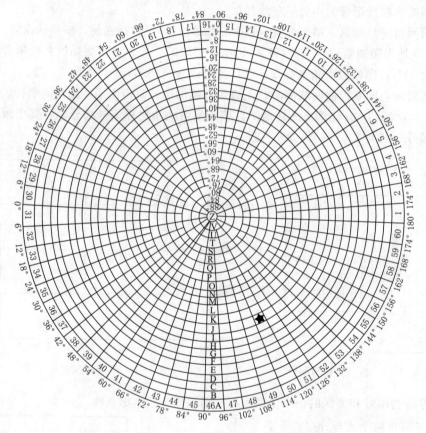

图3-1-5 国际1：100万地形图的分幅与编号

2. 1：10万比例尺地形图的分幅与编号

1：10万比例尺地形图是在1：100万比例尺地形图图幅的基础上分幅和编号的。一幅1：100万的地形图划分为144幅1：10万的地形图，分别以1、2、…、144来表示。因此，每幅1：10万的地形图的纬差为20′，经差为30′。图3-1-6中，有斜线的小梯形为北京所在图幅，它的图幅编号为J-50-5；图3-1-7中，有斜线的小梯形为徐州某矿区所在的图幅，它的编号为I-50-55。

3. 1：5万、1：2.5万、1：1万地形图的分幅与编号

这三种比例尺地形图的分幅与编号是在1：10万地形图分幅和编号的基础上进行的。

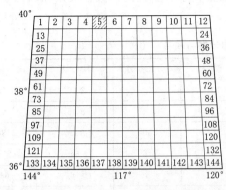

图 3－1－6　北京所在 1∶10 万图幅及编号

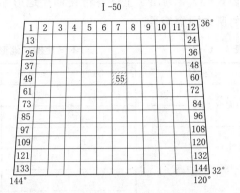

图 3－1－7　徐州所在 1∶10 万图幅及编号

　　将一幅 1∶10 万地形图按纬差 10′、经差 15′的大小，划分为 4 幅 1∶5 万地形图，其编号是在 1∶10 万地形图的编号后加上自身代号 A、B、C、D。如图 3－1－8 中阴影部分为北京所在的 1∶5 万地形图，图号为 J－50－5－B。

　　每幅 1∶5 万地形图又分为 4 幅 1∶2.5 万地形图，其纬差是 5′，经差是 7′30″，其编号是在 1∶5 万地形图编号后面加上自身代号 1、2、3、4。如图 3－1－8 中影线较密的那幅图为北京所在的 1∶2.5 万地形图，图号为 J－50－5－B－4。

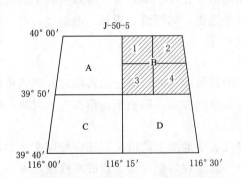

图 3－1－8　1∶5 万比例尺地形图的分幅与编号

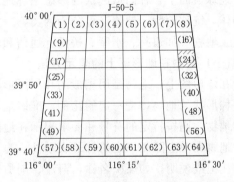

图 3－1－9　1∶1 万比例尺地形图的分幅与编号

　　每幅 1∶10 万地形图，分为 8 行 8 列共 64 幅 1∶1 万的地形图，分别以（1）、（2）、（3）、…、（64）表示，其纬差是 2′30″，经差是 3′45″。1∶1 万地形图的编号是在 1∶10 万地形图编号后加上自身代号所组成，如图 3－1－9 所示的阴影部分为北京所在的 1∶1 万地形图，图号为 J－50－5－(24)。

　　4. 1∶5000 比例尺地形图的分幅编号

　　1∶5000 地形图分幅编号是在 1∶1 万地形图的基础上进行的。每幅 1∶1 万地形图分成四幅 1∶5000 的地形图，用 a、b、c、d 表示，其纬差是 1′15″，经差是 1′52.5″。1∶5000 地形图的编号，是在 1∶1 万地形图的编号后加上自身代号组成的，如图 3－1－10 中，北京某点所在的 1∶5000 地形图的编号为 J－50－5－(24)－b。

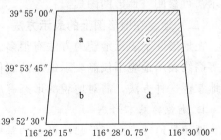

图 3－1－10　1∶5000 比例尺地形图
的分幅与编号

表3-1-2列出了上述各种比例尺地形图的图幅大小、图幅间的数量关系和以北京某点为例的所在图幅编号。

表3-1-2　　　　　　　　　　不同比例尺地形图的分幅与编号

比例尺		1:100万	1:10万	1:5万	1:2.5万	1:1万	1:5000
图幅大小	纬差	4°	20′	10′	5′	2′30″	1′15″
	经差	6°	30′	15′	7.5′	3′45″	1′52.5″
图幅数量关系		1	144	576	2304	9216	36864
			1	4	16	64	256
				1	4	16	64
					1	4	16
代号字母或数字			1、2、3、…、144	A、B、C、D	1、2、3、4	(1)、(2)、…、(64)	a、b、c、d
图幅编号举例		J-50	J-50-5	J-50-5-B	J-50-5-B-4	J-50-5-(24)	J-50-5-(24)-b

二、地物、地貌在地形图上的表示方法

地形是地物和地貌的总称。地形测量的主要任务是测绘地形图。

地球表面上各种高低起伏的形态通称地貌，如山地、丘陵、平地等。地球表面上的固定性物体，统称地物。地物又可分为两类，一类为自然地物，如河流、森林、湖泊等；另一类为人工地物，如道路、水库、桥涵、通信和输电线路等。

（一）地物在地形图上的表示方法

在地形图上，地物是用相似的几何图形或特定的符号表示的。测绘地形图时，需将地面上各种形状的地物，按一定的比例，准确地用正射投影的方法，缩绘于地形图上。对难以缩绘的地物，则按特定的符号和要求表示在地图上。

地物在图上除用一定的符号表示外，为了更好地表达地面上的情况，还应配以文字、数字的注记或说明，如煤矿名称，河流、湖泊、道路等的地理名称，地面点的高程注记等。

必须指出，依比例尺符号与不依比例尺符号并非是一成不变的，应依据测图比例尺与实物轮廓的大小而定，例如直径为3m的煤矿竖井，在1:500比例尺图上可表示为直径6mm的小圆，可按比例描绘；但在1:5000比例尺图上则表现为直径0.6mm的小圆，这就必须用不依比例尺符号描绘。一般来说，测图比例尺越小，使用不依比例尺符号越多。各种地物表示法可参阅《地形图图式》。

（二）地貌在地形图上的表示方法

在地形图上表示地貌的方法有很多。在大比例尺地形图中，通常用等高线来表示地貌。用等高线表示地貌不仅能表示地貌的起伏形态，还能科学地表示地面的坡度和高程。为了正确地掌握这种方法，需对地貌的形态有所了解。

1. 地貌的基本形态

地貌是地球表面高低起伏形态的总称。由于地壳成因与内部结构不同（内力作用）以及侵蚀作用（外力作用），形成了如今较复杂的地表自然形态。地貌的基本形态可归纳为如下4类。

（1）平地：地面倾角在 2°以下的地区。

（2）丘陵地：地面倾角在 2°～6°的地区。

（3）山地：地面倾角在 6°～25°的地区。

（4）高山地：地面倾角在 25°以上的地区。

图 3-1-11（a）为山地的综合透视图，图 3-1-11（b）为其相应的等高线图。山地地貌中，山顶、山脊、山坡、山谷、鞍部、盆地（洼地）等为其基本形态。

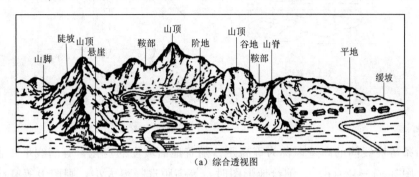

（a）综合透视图

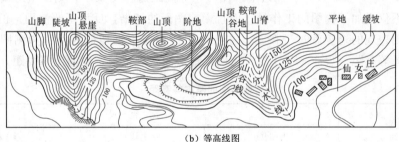

（b）等高线图

图 3-1-11　山地与等高线

（1）山顶和山峰：山的最高部分称山顶，尖峭的山顶称山峰。

（2）山脊和山坡：山的凸棱由山顶延伸至山脚的称山脊，山脊最高点等高线连成的棱线称为分水线或山脊线。山脊的两侧以谷底为界称山坡。山坡依其倾斜程度有陡坡、缓坡之分。山坡呈竖直状态的称为绝壁，下部凹陷的称为悬崖。

（3）山谷：两山脊间的凹陷称为山谷。两侧称为谷坡，两谷坡相交部分叫谷底。谷底最低点连线称为合水线或山谷线。谷地出口的最低点叫谷口。因流水的搬运作用堆积在谷口附近的沉积物形成一种半圆锥形的高地，称为冲积扇。

（4）鞍部：两个相邻山顶之间的低洼处形似马鞍，称为鞍部。

（5）盆地：（洼地）低于四周的盆形洼地称为盆地。

2. 等高线表示地貌的方法

地面上高程相等的各相邻点所连成的闭合曲线，相当于一定高度的水平面横截地面时的地面截痕线称为等高线。

如图 3-1-12（a）所示。设想有一小山，它被 P_1、P_2、P_3 几个高差相等的静止水平面相截，则在每个水平面上各得一条闭合曲线，每一条闭合曲线上所有点的高程必定相等。显然，曲线的形状即小山与水平面交线的形状。若将这些曲线竖直投影到水平面 H 上，便得到能表示该小山形状的几条闭合曲线，即等高线。若将这些曲线按测图比例尺缩绘到图纸上，便是地形图上的等高线。地形图上的等高线比较客观地反映了地表高低起伏的形态，而且还具有量度性。

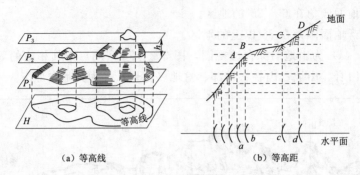

（a）等高线　　　（b）等高距

图3-1-12　等高线表示地貌

3. 等高距

相邻两条等高线间的高差，称为等高距。随着地面坡度的变化，等高线平距也在不断的发生变化［图3-1-12（b）］。测绘地形图时，等高距选择得太小，则图上等高线数量过多且密集，这不仅增加了测图的工作量，而且影响图面的清晰，反而不便使用。但若等高距选择得太大，则表现的地貌就过于概括。在实际工作中应根据地形的类别和测图比例尺等因素，合理选择等高距。表3-1-3为大比例尺地形测量规范规定的测图等高距。

表3-1-3　　　　　　　　　　地形图的基本等高距　　　　　　　　　　单位：m

地形类别	比例尺		
	1∶500	1∶1000	1∶2000
平地	0.5	0.5	0.5、1
丘陵地	0.5	0.5、1	1
山地	0.5、1	1	2
高山地	1	1、2	2

同一城市或测区的同一种比例尺地形图，应采用同一种等高距。但在测区面积大，而且地面起伏比较大时，可允许以图幅为单位采用不同的等高距。同时等高线的高程必须是所采用等高距的整倍数，而不能是任意高程的等高线。例如，使用的等高距为2m，则等高线的高程必须是2m的整倍数，如40m、42m、44m，而不能是41m、43m、…，或40.5m、42.5m等。

4. 等高线的分类

为更好地表示地貌，地形图上一般采用下列4种等高线（图3-1-13）。

（1）基本等高线。按表3-1-3选定的等高距，称为基本等高距。按基本等高距绘制的等高线，称为基本等高线，又叫首曲线，它用细实线描绘。

（2）加粗等高线。为用图时计算高程方便，每隔4条等高线加粗描绘的一根，也叫计曲线。

（3）半距等高线。为显示首曲线不便显示的地貌，按1/2基本等高距绘制的等高线，叫半距等高线，又称间曲线，一般用长虚线描绘。

（4）辅助等高线。若用半距等高线仍无法显示地貌变化时，可按1/4基本等高距绘制等高线，称辅助等高线，又叫助曲线，一般用短虚线描绘。

示坡线表示山头和盆地的等高线为闭合曲线，如图 3-1-14 所示。为便于区别，常在等高线上沿斜坡下降方向绘一短线垂直于等高线，称为示坡线。

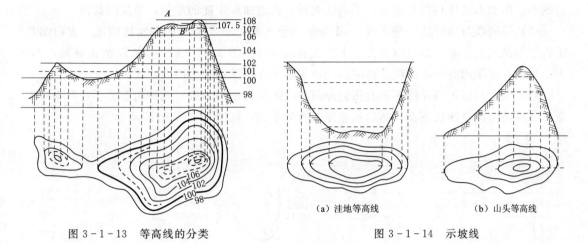

图 3-1-13　等高线的分类

(a) 洼地等高线　　(b) 山头等高线

图 3-1-14　示坡线

5. 等高线的特性

深刻理解等高线的特性对于正确绘制等高线有重要意义。等高线的特性可归纳为以下几点。

(1) 在同一条等高线上的各点高程相等。但高程相等的各点却未必在同一条等高线上，如图 3-1-15 为两根高程相同的等高线。

(2) 等高线是闭合的曲线。因为一个无限伸展的水平面与地表的交线，必为一闭合曲线，而闭合圈的大小决定于实地情况，有的可在同一图幅内闭合，有的则可能穿越若干图幅而闭合。因此，若等高线不能在同一图幅内自行闭合，则应将等高线绘制至图廓为止，而不能在图内中断。但为了使图纸清晰，当等高线遇到建筑物、数字、注记等时，可暂时中断。另外，为了表示局部地貌而加绘的间曲线、助曲线等，按规定可以只绘出一部分。

(3) 等高线不能相交。这是因为不同高程的水平面是不可能相交的。但对于一些特殊地貌，如陡坎、陡壁的等高线会重叠在一起（图 3-1-16），悬崖处的等高线也可能是相交的，如图 3-1-17 所示。

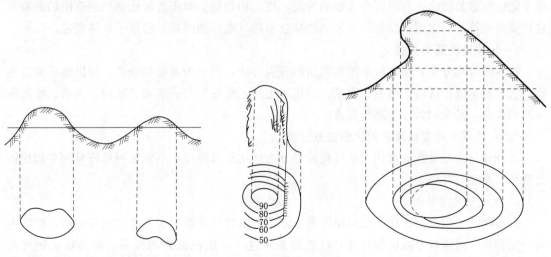

图 3-1-15　两根高程相同的等高线　　图 3-1-16　陡坎与等高线　　图 3-1-17　悬崖与等高线

（4）等高线平距的大小与地面坡度的大小成反比。如图3-1-18所示，在同一等高距的条件下，若地面坡度越小，等高线的平距就越大；反之，若地面坡度越大，等高线的平距就越小。即地面坡度越缓的地方，等高线就稀；而地面坡度陡的地方，等高线就密。

（5）等高线与山脊线（分水线）、山谷线（合水线）成正交。因为实地的流水方向都是垂直于等高线的，故等高线应垂直于山脊线和山谷线。图3-1-19中，CD为山谷线，AB为山脊线，表示山谷的等高线应凸向高处，表示山脊的等高线应凸向低处。

（6）通向河流的等高线不会直接横穿河谷，而应逐渐沿河谷一侧转向上游，交河岸线中断，并保持与河岸线成正交，然后从彼岸起折向下游，如图3-1-20所示。

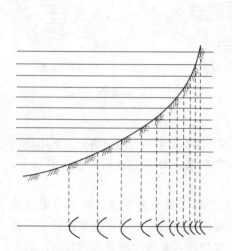
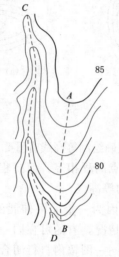
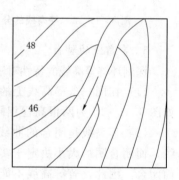

图3-1-18 等高线平距与坡度的关系　　图3-1-19 等高线与山脊线、山谷线成正交　　图3-1-20 河流与等高线

三、地形图符号

由于地物种类繁多，形状各异，因此要求表示地物的图形、符号要简明、形象、清晰，便于记忆和容易描绘，并能区分地物的种类、性质和数量。对于各种比例尺地形图的地貌和地物要素的符号、注记、颜色，国家测绘局公布的《地形图图式》已做了具体规定。

（一）按地图要素分类

按地图要素分类，是比较系统和实用的分类方法，可分为测量控制点、居民地、独立地物、管线及垣栅、道路、境界、水系、地貌、土质、植被等类。水系、地貌、土质、植被称为地理要素，其他称为社会经济要素。

（二）按符号与实地要素的比例关系分类

按符号与实地要素的比例关系可将符号分为依比例尺符号、不依比例尺符号和半依比例尺符号以及填充符号。

1. 依比例尺符号

把地物的轮廓按测图比例尺缩绘于图上，轮廓形状与地物的实地平面图形相似，轮廓内用一定符号（填绘符号或说明符号）或色彩表示这一范围内地物的性质，称为依比例尺符号（又称轮廓符号或面积符号）。如居民地、湖泊、森林的范围等（图3-1-21）。

2. 不依比例尺符号

当地物轮廓很小，按比例尺无法在地形图上表示时，需采用统一规定的符号将其表示在图上，这类符号属于不依比例符号。不依比例符号只能表示地物的几何中心或其他定位中心的位置，它能表明地物的类别，但不能反映地物的大小。该类符号如图 3-1-22 所示。

3. 半依比例尺符号

对于延伸性地物，如小路、通信线路、管道等，其长度可按比例尺缩绘，而宽度却不能按比例尺缩绘，这种符号称半依比例尺符号，又称线状符号。线状符号的中心线，表示了地物的正确位置。该类符号如图 3-1-23 所示。

图 3-1-21 依比例尺符号 　　 图 3-1-22 不依比例尺符号 　　 图 3-1-23 半依比例尺符号

4. 填充符号

填充符号也叫面积符号，它是用来表示地面某一范围内的土质和植被的。范围的形状、大小按比例尺描绘；其中的土质或植被类型，则按规定间隔用相应的符号表示。如表 3-1-4 中的草地（60 号）、花圃（59 号）、菜地（65 号）等。这类符号只表示该范围内土质或植被的性质和类别，符号的位置和密度并不表示地物的实际位置和密度。

表 3-1-4　　　　　　　　　　常见地形图符号示例

编号	符号名称	1:500　1:1000　1:2000	编号	符号名称	1:500　1:1000　1:2000
1	三角点 凤凰山（点名） 396.486（高程）	凤凰山 394.468　3.0	6	一般房屋 砖（建筑材料） 3（房屋层数）	砖3　　1.5　2
2	小三角点 横山（点名） 95.93（高程）	3.0　横山 95.93	7	简单房屋	
3	导线点 I16（等级点号） 84.46（高程）	2.0 I16 84.46	8	窑洞 地面上的 a. 住人的 b. 不住人的 地面下的 a. 依比例尺的 b. 不依比例尺的	a 2.5 2.0 b a b
4	图根点 a. 埋石的 N16（等级点号） 84.46（高程） b. 不埋石的 25（点号） 62.74（高程）	a 1.5 N16 84.46 2.5 b 1.5 25 62.74	9	廊房	砖3 1.0　1.0
			10	台阶	0.5　0.5　0.5
5	水准点 II京石5（等级点号） 32.804（高程）	2.0 II京石5 32.804	11	钻孔	3.0 1.0
			12	燃料库	2.0 煤气

续表

编号	符号名称	1:500　1:1000　1:2000	编号	符号名称	1:500　1:1000　1:2000
13	加油站	2.0 3.5 / 1.0	27	水塔	1.0 3.5 / 1.0
14	气象站	3.0 / 3.5 / 1.0	28	挡土墙 a. 斜面的 b. 垂直的	a 0.3 / 5.0　b 0.3 / 5.0
15	烟囱	3.5 / 1.0	29	公路	0.15 / 0.3　沥　砾
16	变电室（所） a. 依比例尺的 b. 不依比例尺的	a 2.5 60° 0.5　b 1.0 3.5 / 1.5	30	简易公路	0.15 / 0.15　碎石
17	路灯	2.0 / 1.5 4.0 / 1.0	31	小路	4.0 1.0 / 0.3
18	纪念碑	1.5 / 1.5 1.0 / 3.0	32	高压线	4.0
19	碑、柱、墩	3.0 / 2.0	33	低压线	4.0
20	旗杆	1.5 / 1.0 1.0 / 1.0	34	电杆	1.0
21	宣传橱窗 广告牌	1.0 2.0	35	电线架	
22	亭	3.0 / 1.5 3.0 / 1.5	36	消火栓	1.5 / 2.0 3.5
23	岗亭、岗楼、岗墩	90° / 3.0 / 1.5	37	阀门	1.5 3.0
24	庙宇	2.5 / 1.2	38	水龙头	2.0 3.5
25	独立坟	2.0 / 2.5	39	砖石及混凝土围墙	10.0 / 10.0 / 0.5
26	坟地 a. 坟群 b. 散坟 5（坟个数）	a 5　b 2.0 / 2.0	40	土围墙	10.0 / 0.3 0.5
			41	栅栏、栏杆	10.0 1.0
			42	篱笆	10.0 1.0

续表

编号	符号名称	1:500　1:1000　　1:2000	编号	符号名称	1:500　1:1000　　1:2000
43	活树篱笆	5.0　0.5 1.0	52	滑坡	
44	沟渠 a. 一般的 b. 有堤岸的 c. 有沟堑的	a b c	53	陡崖 a. 土质的 b. 石质的	a　　　　b
45	土堤 a. 堤 b. 垅	a 1.5　1.5　　3.0 b	54	冲沟 3.5（深度注记）	3.5
46	等高线及其注记 a. 首曲线 b. 计曲线 c. 间曲线	a 0.15 b 25 0.3 c 1.0　6.0 0.15	55	散树	1.5
47	示坡线	0.8	56	独立树 a. 阔叶树 b. 针叶树 c. 果树	a 3.0 1.5 0.7 b 3.0 0.7 c 3.0 0.7
48	高程点及其注记	0.5……163.2　75.4	57	行树	10.0　1.0
49	斜坡 a. 未加固的 b. 加固的	a 3.0 b	58	花圃	1.5 1.5　10.0 10.0
50	陡坎 a. 未加固的 b. 加固的	a 1.5 b 3.0	59	草地	1.5 0.8　10.0 10.0
51	梯田坎	56.4　1.2	60	经济作物地	0.8　3.0 蔗 10.0 10.0

105

续表

编号	符号名称	1:500　1:1000　　1:2000	编号	符号名称	1:500　1:1000　　1:2000
61	水生经济作物地	Y ⊣ 0.5 Y Y 3.0 Y Y	63	旱地	⊐ ⊔ 2.0 10.0 ⊔ ⊔-10.0
62	水稻田	0.2 Y ⊐ 2.0 10.0 -10.0-	64	菜地	Y ⊐ 2.0 2.0 10.0 Y Y-10.0

　　为了在地形图上更好地表达地物的实际情况，除用符号表示外，有些尚需加文字、数字等注记说明。如居民地、河流、湖泊、道路等的地理名称，桥梁的长、宽和载重量，控制点的点名、高程等。

四、地形图注记

　　地形图注记指地形图上用的文字、数字或特定的符号，是对地物、地貌性质、名称、高程等的补充和说明。如图上注明的地名、控制点编号，河流的名称等。注记是地形图的主要内容之一，注记使用的恰当与否，与地形图的易读性和使用价值有着密切关系。

（一）地形图注记的种类

　　地形图上各种要素除用符号、线划、颜色表示外，还需用文字和数字来注记。这样既能对图上物体做补充说明，成为判读地形图的依据，又弥补了地形符号的不足，使图面均衡、美观，并能说明各要素的名称、种类、性质和数量。它直接影响着地形图的质量和用图的效果。

　　注记种类可分为专有名称注记、说明注记和数字注记。

　　专有名称注记是表示地面物体的名称，如居民地、河流及森林等名称；说明注记是对地物符号的补充说明，如车站名、码头名、公路路面所用的材料等；数字注记是说明符号的数量特征，如地面点的高程、河流的水位、建筑物的层高等。

　　地形图上的注记除了具有上述意义外，在某种情况下还起到符号的作用，例如，可根据居民地的注记字体不同，来表示隶属于城市的镇或村庄。根据字体的大小，了解其居民地的大小和行政划分；根据变形字，可领会河流、湖泊的通航情况和山地中的山名，如山顶、山岭或山脉的名称等，这些注记弥补了地形符号表达不全面的不足，丰富了地形图的内涵。

（二）注记字体

　　地形图上注记有汉字、数字及汉语拼音字母和外文字母等。字体有宋体、等线体、仿宋体、隶体等。字形有正体、扁体、长体、左右斜体和耸肩体等。地形图中采用什么字体，在《地形图图式》中有明确的规定。

1. 汉字

　　汉字的结构是组成每一个字的笔画在字格中的组成关系与组合形式。汉字是将基本笔画组成若干个部首，再由这些部首与另一部首或一些基本笔画组成字。字体结构的基本规律是：重心稳定、左右对称、长短适度、布白均匀、分割恰当、充满字格。

2. 数字

地形图上采用的数字有等线体和楷体两种，这两种又各有正体和斜体的区别。等线体数字的笔画粗细相同，楷体则粗细分明。

数字笔画的结构是由直线或曲线组成的。一般分三种：

（1）笔画由直线和近似直线组成的数字，如 1、4、7。

（2）笔画由曲线和直线组成的数字，如 2、5。

（3）笔画由曲线组成的数字，如 0、8、3、6、9。

除等线体和楷体数字外，还有一种快速书写的字体，称为手簿体，广泛应用于野外测量记录和成果计算中。

3. 汉语拼音字母和外文字母

汉语拼音字母和外文字母分大写和小写两种，字体有等线体与楷体。每种字体又分为正体和斜体两种。

笔画结构又分为由直线组成的、由曲线组成的和由直线与曲线联合组成的。大写字母的字格高、宽比例因字母的宽窄而不同，但高度一致。小写字母字格的高、宽比例也因字母而不同，高度也不同。字母的高度有三种情况：不超出字格的；上部超出字格的；下部超出字格的。

（三）注记基本要求与规则

1. 基本要求

（1）主次分明。大的地物或宽阔的轮廓表面，应采用较大的字号；而小的地物或狭小的轮廓表面，则采用较小的字号，以分清等级主次，使注记发挥其表现力。

（2）互不混淆。图上注记要能正确地起到说明作用。注记稠密时，位置应安排恰当，不可使甲地注记所代表的物体与乙地注记所代表的物体混淆。

（3）不能遮盖重要地物。图上注记要想完全不遮盖一点地物是不容易做到的，但应尽量避免，不得已时可遮盖次要地物的局部，以免影响地形图的清晰度。

（4）整齐美观。文字、数字的书写要笔画清楚、字形端正、排列整齐，使图面清晰易读，整洁美观。

2. 注记规则

地形图上所有注记的字体、字号、字向、字间隔、字列和字位均有统一规定。

（1）字体。在大比例尺地形图上是以不同字体来区分不同地物、地貌的要素和类别的。例如，在 1：500～1：2000 比例尺地形图上，镇以上居民地的名称均用粗等线体；镇以下居民地的名称及各种说明注记用细等线体；河流、湖泊等名称用左斜宋体；山名注记用长中等线体；各种数字注记用等线体。注记字体应严格执行《地形图图式》的规定。

（2）字号。字的大小在一定程度上反映被注记物体的重要性和数量等级。选择字号时应以字迹清晰和彼此易于区分为原则，尽量不遮盖地物。字的大小是以容纳字的字格大小为标准的，以毫米为单位。正体字格以高或宽计；长体字格以高计；扁体和斜体以宽计。同一物体上注记字体的字大小应相等；同一级别各物体注记字体的字大小也应相等，应按《地形图图式》的规定注记。

（3）字向。指注记文字立于图幅中的方向，或称字顶的朝向。图上注记的字向有直立和斜立两种形式。地形图上的公路说明注记，河宽、水深、流速注记，等高线高程注记是随被注记方向的变化而变化，其他注记字的字向都是直立的。

（四）注记的布置

地形图上注记所采用的字体、字号，要按相应比例尺图式的规定注写；而字向、字隔、字列和字位的配置，应根据被注记符号的范围大小、分布形状及周围符号的情况来确定。基本配置原则是：注记指示明确，与被注记物体的位置关系密切，避免遮盖重要地物。如铁路、公路、河流及有方位意义的物体轮廓，居民地的出入口，道路、河流的交叉或转弯点，以及独立符号和特殊地貌符号等。

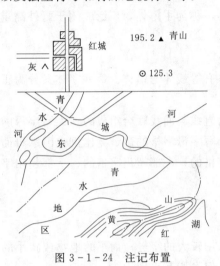

图 3-1-24 注记布置

1. 专有名称注记

（1）居民地注记。镇以上居民地名称用粗等线体；镇以下居民地名称用细等线体（1：2000）、中等线体或宋体（1：500）。注记的大小，依居民地的等级、大小来确定，如图 3-1-24 所示。

居民地注记的字列一般采用水平字列，注在居民地的右方或上方；也可根据居民地的分布情况，选用垂直或雁行字列。

注记的字隔，依居民地平面图的形状和面积大小而定，要求注记能表示被注记的整个范围。多使用普通字隔，若使用隔离字隔时，各字间隔应相等。

（2）道路注记。城镇居民地内的街道名称注记用细等线体，字的大小可根据路面宽度而定。字隔为隔离字隔，沿街道走向排列，注记在街道中心。

铁路、公路的名称，一般在图内不注记。若用图单位有要求的，可注出。公路符号在图上每隔 15～20cm 注出路面材料和路面宽。比例尺大于 1：2000 时，只注路面材料。

（3）水系注记。水系名称采用左斜宋体注记。河流与运河的名称，通常以隔离字隔和雁行字列注记在水系的内部；较窄的双线河，注在水涯线的上方或右侧，但不能遮盖水涯线或沿岸的重要地物符号。字隔的大小可视河流长短而定。短的河流，应注记在河流的中段，长的河流，则每隔 15～20cm 重复注记。

（4）山名注记。山顶的名称采用长中等线体注记，接近字隔，水平字列，注记在山头的上方，高程注记在右方。有时为避免遮盖山头等高线，也可注记在其右方或右下方，高程则注记在左方或下方。如果同一名称的各山顶不在同一图幅内，可分别注出，如图 3-1-24 所示。

山岭、山脉名称用耸肩等线体，隔离字隔和雁行字列，顺着山岭或山脉的延伸方向注记在中心线位置上。在小比例尺图上，较长的山脉与较长的河流同样也要重复注记。注记字向为直立字向。

2. 说明注记

符号旁的说明注记，用细等线体接近字隔，以水平字列为主，注记在符号的轮廓内部或符号的适当位置。注记必须紧靠符号，使所注的文字能说明其符号。

3. 数字注记

（1）高程注记。注记用直立等线体的阿拉伯数字，接近字隔，水平字列，一般注记在测定点的右侧。有时为避免遮盖其他符号，也可注记在测定点左边或左上方。

（2）等高线注记。等高线注记是用来标注等高线高程的，一般注记在计曲线上。但在等高线稀疏处，也可注记在首曲线上。

等高线的高程注记应沿着等高线斜坡方向注出，字位应选在斜坡的凸棱上，数字的中心线应与等高线方向一致，字头朝向山顶，并中断等高线。应避免字头倒立、遮盖主要地貌形态或重要地物。

五、测图板准备的工作程序

（一）技术资料的收集与抄录

测图前应收集有关测区的自然地理和交通情况资料，了解对所测地形图的专业要求，抄录测区内各级平面和高程控制点的成果资料。对抄取的各种资料应仔细核对，确认无误后方可使用。

（二）仪器和工具的准备

用于地形测图的平板仪、经纬仪、水准仪以及计算工具等，都必须进行细致的检查和必要的校正。特别是对竖直度盘指标差应进行经常性的检验与校正。

（三）测图板的准备

过去是将高质量的绘图纸裱糊在胶合板或铝板上来测图。目前，已普遍采用聚酯薄膜来代替图纸测图。聚酯薄膜与绘图纸相比，具有伸缩性小、耐湿、耐磨、耐酸、透明度高、抗张力强和便于保存的优点。聚酯薄膜经打磨加工后，可增加对铅粉和墨汁的附着力。如图面污染，还可用清水或淡肥皂水洗涤。清绘后的地形图可以直接晒图或制版印刷。其缺点是高温下易变形、怕折，故在使用和保管中应予以注意。

聚酯薄膜固定在平板上的方法，一般可用透明胶带粘贴在图板上或用铁夹固定在图板上。为了容易看清薄膜上的铅笔线画，最好在薄膜下垫一张白纸。

（四）绘制坐标格网

大比例尺地形图平面直角坐标方格网由边长 10cm 的正方形组成。因绘制方格网所用的工具不同，其绘制方法也不一样。

1. 用普通直尺绘制坐标方格网

（1）如图 3-1-25 所示，先按图纸的 4 角，用普通直尺轻轻地绘出两条对角线 AC 和 BD，并得两对角线交点 O。

（2）以交点为圆心，以适当的长度为半径，分别在直线的两端划短弧，得 A、B、C、D 4 个交点，依次连接各点，得矩形 $ABCD$。

（3）分别由 A 点和 B 点起，沿 AD 和 BC 边以 10cm 间隔截取分点；又自 A 点和 D 点起，沿 AB 和 DC 边以 10cm 间隔截取分点。

（4）连接上下各对应分点及左右各对应分点。这样便构成了边长为 10cm 的正方形方格网，若在纵横线两端按比例尺注上相应的坐标值，即为所要的坐标方格网。

2. 用坐标格网尺绘制坐标方格网

图 3-1-26 所示为坐标格网尺的一种。它用热膨胀系数很小的合金钢制成，适用于绘制 30cm×30cm，

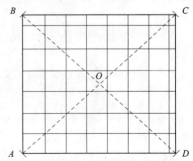

图 3-1-25　直尺绘制坐标格网

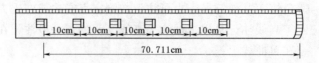

图 3-1-26 坐标格网尺

40cm×40cm,50cm×50cm 的方格网。格网尺上每隔 10cm 有一小孔,孔内有一斜面,共有 6 个小孔。左端第一孔的下边缘有一细直线,细线与斜面边缘的交点为尺的零点。其余各孔及尺的最末端之斜边均以零点为圆心,各以 10cm、20cm、30cm、40cm、50cm 及 70.711cm 为半径的短圆弧线。70.711cm 为 50cm×50cm 正方形对角线的长度。

用坐标格网尺绘制坐标方格网的步骤如图 3-1-27 所示。

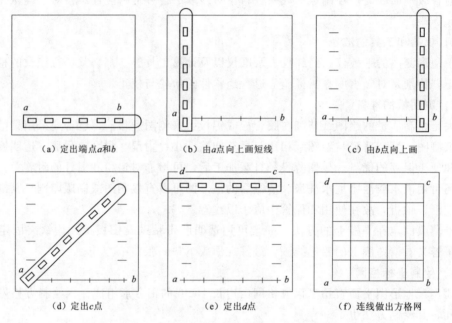

(a) 定出端点a和b   (b) 由a点向上画短线   (c) 由b点向上画

(d) 定出c点   (e) 定出d点   (f) 连线做出方格网

图 3-1-27 用坐标格网尺绘制坐标格网

(1) 将格网尺放在图纸下方,目估使其与下边缘平行,用铅笔沿尺边画一条直线。在直线左端适当位置定出一点 a,以尺的零点对准 a 点,使尺上各孔的斜面中心位置通过已绘出的直线,然后沿各孔斜边画出弧线分别与直线相交,最后,定出右端点 b,如图 3-1-27 (a) 所示。

(2) 用格网尺的零点对准 a 点,目估使格网尺垂直于 ab,沿各孔画短线,如图 3-1-27 (b) 所示。

(3) 用格网尺的零点对准 b 点,目估使格网尺垂直于 ab,沿各孔画短线,如图 3-1-27 (c) 所示。

(4) 将格网尺的零点对准 a 点,旋转格网尺,依尺子末端划弧线,使之与右上方第一个短弧线相交得 c 点,如图 3-1-27 (d) 所示。

(5) 将格网尺目估放置在与图纸上边缘平行位置,以格网尺的零点对准 c 点,使尺子左端第一孔的弧线与左上方的弧线相交,得 d 点,并沿各孔画出短线,如图 3-1-27 (e)

所示。

（6）连接 a、b、c、d 各点，则得到边长为 50cm 的正方形；再连接两对边相应各分点，便得到每边长为 10cm 的坐标方格网，如图 3-1-27（f）所示。

除上述两种绘制坐标方格网的方法外，还可用一种称为直角坐标展点仪的仪器绘制。该仪器工作效率高，绘制精度较好，但一般只在大的测绘单位才有，加之它的体积较大，不便携带，故一般较少使用。

3．坐标方格网的检查

绘制坐标方格网的精确程度，直接影响到以后展绘各级控制点和地形测图的精度，因此，必须对所绘坐标方格网进行检查。

可利用坐标格网尺的斜边或其他直尺检查对角线上各交点是否在一条直线上。另外，还需用标准直尺（如金属线纹尺）检查各方格网边长、对角线长及 50cm×50cm 正方形各边边长。规范规定，方格网 10cm 边长与标准 10cm 边长之差不应超过 ±0.2mm，50cm×50cm 正方形对角线长度与标准长度 70.711cm 之差不应超过 ±0.3mm，50cm×50cm 正方形各边长度与标准长度 50cm 之差不应超过 ±0.2mm。坐标方格网线的粗度与刺孔直径不应大于 ±0.1mm。若不满足上述要求时，应局部变动或重新绘制。

目前有的聚酯薄膜测图纸已印制了坐标方格网，但使用前，必须进行检查，不合精度要求的不得使用。

（五）展绘图廓点及控制点

展点就是将图廓点（当用梯形分幅时）和控制点依其坐标及其测图比例尺展绘到具有坐标方格网的测图纸上。这项工作称为展点。

根据已拟订的测区"地形图分幅编号图"，按划分的图幅在已绘好的坐标方格网纵横坐标线两端注记出相应的坐标值，如图 3-1-28 所示。抄录本图幅和与本图幅有关的各级控制点点号、坐标、高程及相邻点间的边长。若测绘 1:5000 比例尺地形图采用梯形分幅时，还需抄录图廓点坐标、图廓边长及对角线长，用来展点和检核。

展点时，首先要确定该点所在的方格。在图 3-1-28 中，设控制点 A 的坐标 $x_A = 3811317.110$m，$y_A = 43272.850$m，根据 A 点坐标及纵横方格线的标注，可判

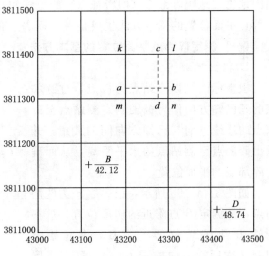

图 3-1-28　控制点展绘

定出 A 点在 $klnm$ 方格内，然后分别从 m 点和 n 点向上用比例尺量取 17.11m，得 a、b 两点，再分别从 k、m 用比例尺向右量取 72.85m 得 c、d 两点。ab 与 cd 两连线的交点即为 A 点在图上的位置。

图幅内所有控制点，如为梯形分幅时，还包括图廓点，可按同样方法展绘在图纸上。展完点后，还必须进行认真的检查。检查的方法，可用比例尺在图上量取各相邻点间距离并与已知边或坐标反算长度比较，其最大误差不应超过图上的 ±0.3mm，否则需重新展会。展

学习情境 3 地形图测绘

点合格后，用小针刺出点位，其针孔不得大于图上的±0.1mm。点位确定后还应在旁边注上点号和高程。

（六）图外方向线的展绘

为了在测图时能充分利用邻近图幅内的控制点进行图板定向，需在本图幅内，展绘由本图幅内的控制点至相邻幅图内的控制点之方向线。

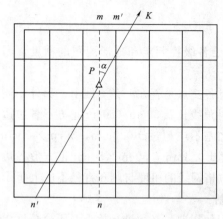

图 3-1-29 展绘有梯形图幅的测图纸

图 3-1-29 为一幅在坐标方格网中展绘有梯形图幅的测图纸。P 点至图外 K 点的坐标方位角为已知，过 P 点用削尖的铅笔轻轻作一条平行于坐标纵线的直线，使之与距 P 点最远的横坐标格网线交于 n 点。根据已知坐标方位角 α 及 P 点至 n 点的纵坐标差，则 nn' 的长度为

$$nn' = Pn\tan\alpha$$

按比例尺截取 nn' 长度，得 n' 点，过 P 点与 n' 点作直线，即为 P 点至图外点 K 的方向线。为了检核，还需在 pn' 相反的方向上，用同样的方法求出 m' 点，若 m'、P、n' 在一条直线上，则说明方向线展会无误。

六、地形测图的方法

地形测图又称碎部测量，是以图幅内的控制点、图根点作为地形测图的测站点，测定其周围地物、地貌碎部点（即特征点）的位置和高程；并根据这些碎部点描绘出地形图。测定碎部点平面位置的基本方法主要是极坐标法，有时也以交会法和支距法作为补充。

（一）测定碎部点平面位置的基本方法

1. 极坐标法

极坐标法是以测站点为极点，过测站点的某已知方向作为极轴测定测站点至碎部点的连线方向与已知方向间的夹角，并量出碎部点至测站点的水平距离，从而确定碎部点的平面位置。

如图 3-1-30 所示，设 A、B 为两测站点，欲测定 B 点附近的房屋位置，可在测站 B 上安置仪器，以 BA 为起始方向（又称后视方向或零方向），测定房屋

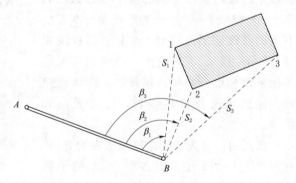

图 3-1-30 极坐标法测图

角点 1、2、3 的方向值 β_1、β_2、β_3，并量出站点 B 至相应屋角点的水平距离 S_1、S_2、S_3，即可按测图比例尺在图上绘出该房屋的平面位置。

2. 交会法

交会法是分别在两个已知点上，对同一碎部点进行方向或距离交会，从而确定该碎部点在图上的平面位置。

（1）方向交会。这种方法，实际上就是平板仪图解前方交会在测定碎部点时的应用。在

通视条件好，测绘目标明显而不便立尺的地物点，如烟囱、水塔、水田地里的电线杆等，若需测定其平面位置时，可用方向交会法。如图 3-1-31 所示，为确定河彼岸电线杆的平面位置，分别在测站 A、B 安置平板仪，在两测站照准同一电线杆，绘出方向线的交点，即图上的电线杆位置。

进行方向交会时，交会的两方向线所构成的夹角，以接近 90° 为最好，一般规定其夹角不小于 30° 或不大于 150°。另外，还必须以第三方向作为交会的检核。

(2) 距离交会法。如图 3-1-32 所示，A、B 为已知测站点，若需测定屋角 1、2、3 点的平面位置，可分别量出 $A1$、$A2$、$A3$ 与 $B1$、$B2$、$B3$ 的水平距离，再按测图比例尺在图上用圆规交会出所测房屋的位置。距离交会适用于测绘荫蔽地区或建筑群中一些通视困难的地物点，但所量距离一般不应超过一尺段长度。

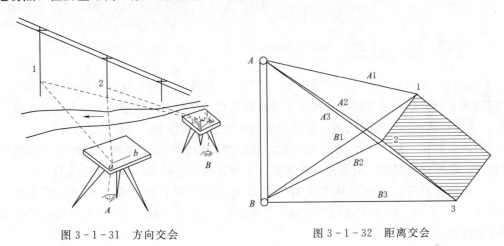

图 3-1-31　方向交会　　　　　　图 3-1-32　距离交会

3. 支距法

这种方法是以两已知测站点的连线为基边，测出碎部点至基边的垂直距离和垂足至测站点的距离，从而确定出碎部点的图上位置。如图 3-1-33 所示，A、B 为两已知测站点，若要测定房屋的平面位置，可量出屋角 1、2、3、4 点至基边 AB 的垂直距离 $11'$、$22'$、$33'$、$44'$，再量出 A 至 $1'$、$2'$ 的距离 $A1'$、$A2'$ 以及 B 至 $3'$、$4'$ 点的距离 $B3'$、$B4'$，即可按测图比例尺在图上绘出房屋的 1、2、3、4 点。如果再量出房屋的宽，便可在图上绘出整个房屋的位置。

用距离交会和支距法测定碎部点时，须在现场绘出草图。绘制的草图应使几何图形与实际图形相似并注记距离数值。草图上还应标明方向。

(二) 地形测图常用方法

1. 经纬仪测绘法

如图 3-1-34 所示，在测站点 B 上安置经纬仪，量取仪器高 i。另外，在测站旁放一块测图板。在施测前，观测员将望远镜瞄准另一已知点 A 作为起始方向，拨动水平度盘使读数为 $0°00'00''$。然后，松开照准部照准另一已知点 C，观测 $\angle ABC$ 与原已知角做比较，其差值不应超过 $2'$。此外还应对测站高程进行检查，其方法是选定邻近的一个已知高程点，用视距法反觇出本站高程与图上高程值做比较，其差值不应大于 1/5 等高距。做好上述准备后，即可开始施测碎部点位置。具体施测过程如下：

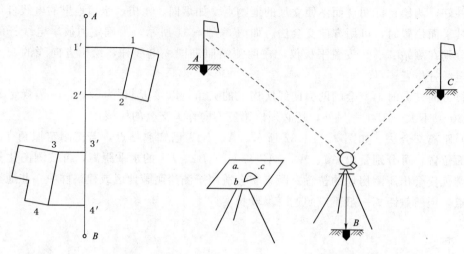

<table>
<tr><td>图 3 - 1 - 33　距离交会</td><td>图 3 - 1 - 34　经纬仪测绘法</td></tr>
</table>

　　（1）观测。观测员松开经纬仪照准部，使望远镜照准立尺员竖立在碎部点上的标尺，读取尺间隔和中丝读数（最好用中丝在尺上截取仪器高和在仪器高附近的整分划处直接读出尺间隔）。然后，读出水平度盘读数；使竖盘指标水准管气泡居中，读取竖盘读数。

　　观测员一般每观测 20～30 个碎部点后，应检查起始方向有无变动。对碎部点观测只需一个镜位。除尺间隔需读至毫米外，仪器高、中丝读数读至厘米，水平角读至分。

　　（2）记录与计算。记录员认真听取并回报观测员所读观测数据，且记入碎部测量手簿（表 3 - 1 - 5）后，按视距法用计算器或用视距计算表计算出测站至碎部点的水平距离及碎部点的高程。

表 3 - 1 - 5　　　　　　　　　　**碎 部 测 量 手 簿**

测站：B　后视点：A　仪器高 $i=1.34$m　测站高程 $H_B=42.120$m										
点号	尺间距 l/m	中丝读数 V/m	竖盘读数 L/(°′)	竖直角 δ/(°′)	初算高差 $\pm h'$/m	$i-V$ /m	高差 $\pm h$/m	水平角 β/(°′)	水平距离 /m	高程 /m	附注
1	0.356	1.50	90 00	0 00	0	−0.16	−0.16	26 54	35.6	41.96	屋角
2	0.196		90 00	0 00				34 24	19.6		屋角
3	0.238		90 00	0 00				49 54	23.8		屋角
4	0.514	1.34	91 45	−1 45	−1.57	0	−1.57	87 31	51.4	40.55	电线杆
5	0.687	1.10	87 49	+2 11	+2.62	+0.24	+2.86	92 20	68.6	44.98	田坎

　　（3）展出碎部点并绘图。用测量专用量角器展绘碎部点。专用量角器，如图 3 - 1 - 35 所示，它的周围边缘上刻有角度分划，最小分划值一般为 20′ 或 30′，直径上刻有长度分划，刻至毫米。测量专用量角器即可量角又可量距。

　　展绘碎部点时，绘图人员将量角器的圆心小孔，用细针固定在图纸的测站点上。当观测员读出水平度盘读数（例如 50°）后，绘图员转动量角器，使之等于水平度盘的刻划，对准后视方向线。此时量角器圆心至 0° 一端（小于 180°），或至 180° 的一端（水平角大于 180° 时）的连线即为测站至碎部点的方向线。在此方向线上按测图比例尺量出水平距离，即可标

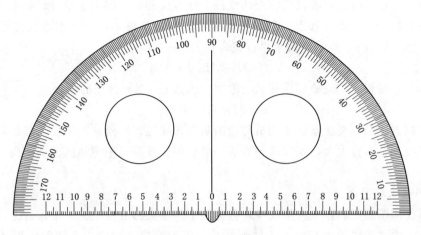

图 3-1-35 半圆仪

出碎部点的图上位置。若该碎部点还需标明高程，则在该点右侧注上高程值。利用多个反应地物、地貌的碎部点，绘图员就可在图上测绘出相应的地物和地貌来。

经纬仪测绘法的优点是工具简单，操作方便，观测与绘图分别由两人完成，故测绘速度较快。运用该方法测图时，要注意估读量角器的分划。若量角器的最小分划值为 20′，一般能估读到 1/4 分划即 5′ 的精度。另外，量角器圆心小孔，由于用久后往往会变大，为此应采取适当措施进行修理或更换量角器。

2. 小平板仪与经纬仪（或水准仪）联合测图法

将小平板仪设置在测站上，对中，平整，定向。用觇板照准器直尺边切于图上所在的测站，照准碎部点，则在图上得到测站至碎部点的方向线。其水平距离，则由安置在近旁的经纬仪或水准仪测定。这种方法称小平板仪与经纬仪（或水准仪）联合测图法。

如图 3-1-36 所示，先在距测站点 A 附近 1～2m 的 A′ 点上安置经纬仪，于 A 点上竖立标尺，当望远镜处于水平状态时，用中丝在标尺上截取 i，得经纬仪水平视线的高程为 H_A+i。再将小平板安置在测站 A 上，对中，整平，利用已知 AM 方向定向。将觇板照准器直尺边贴靠测站点 A 的图上位置 a，照准经纬仪中心或检验与校正所挂的垂球线，得图上的 aa′ 方向线，量出 AA′ 距离，在图上按测图比例尺截取 aa′ 距离，得经纬仪中心点在图上的位置 a′，至此，便可开始施测碎部点。欲测碎部点 P 时，应在 P 点立尺，用视距法从经纬仪上测定 A′P

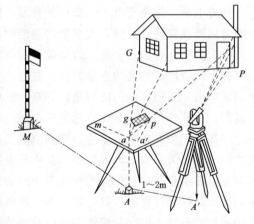

图 3-1-36 小平板仪与经纬仪联合测图法

水平距离和 P 点高程，同时在小平板仪上用觇板照准器直尺边贴靠在 a 点，照准 P 点标尺得 aP 方向线，再以 a′ 为圆心，用 A′P 按比例尺缩小的距离 a′P 为半径交 aP 方向线，得图上 P 点并注记高程（测定地物点时有时不需注记高程）。如此依次完成测站周围碎部点测绘后，该测站周围的地物、地貌即可测绘出。

在平坦地区也可以用水准仪代替经纬仪按上述方法测图。但由于水准仪是水平视线，故可直读水平距离。为求得碎部点高程，可用视线高程法求得，但由于水准仪先照准测站 A 上的标尺，读取读数 i，则水准仪水平视线高程为

$$H_i = H_A + i$$

测定碎部点高程时，只要读取标尺上的中丝读数 b，则碎部点的高程为

$$H = H_i - b$$

上述施测方法的主要优点是观测员与绘图员工作接近，测绘速度较快；其缺点是用觇板照准器，视线倾角不宜太大，所以这种方法一般适用于丘陵或平坦地区测图，而不适用于高山地区。

3. 大平板仪测图法

大平板仪测图法所需作业人员较少，但测绘工作量大部分集中在一个人身上，影响成图速度。另外，大平板仪较为笨重，不便野外长途携带，故这种测图方法的使用受到一定限制。大平板仪测图步骤如下所示。

（1）在测站上，将大平板仪对中、整平，利用已知直线定向，量取照准仪横轴至地面测站点的垂直距离，作为仪器高。

（2）将图板上的照准仪平行尺边贴靠在测站点上，照准碎部点上的标尺，读取尺间隔、中丝读数及竖直角，求出碎部点至测站点水平距离和碎部点的高程。

（3）按测图比例尺，用分规在三棱尺和复式比例尺上截取所求的水平距离，沿照准仪平行尺边将碎部点刺于图板上，并在点位旁边注记高程。

（4）重复上述（2）、（3）步骤，将测站点周围的碎部点测完为止。

（5）根据所测碎部点，按规定的地形图图式，描绘出地物、地貌。在测绘过程中，应随时与实际地物、地貌对照检查，发现错误立即改正。

4. 数字测图

随着电子全站仪及电子计算机的普及，地形图的成图方法正在由传统的白纸测图向数字测图方向迅速发展。目前，大多数的测绘生产单位已用数字测图取代白纸测图。

数字测图经过数据采集、数据编码、计算机图形处理和自动绘制地图等步骤来完成。

数字测图碎部测量的主要方法，是在已知坐标的测站点上安置全站仪或测距经纬仪，在测站定向后，采用极坐标法测量碎部点，也就是观测测站至碎部点的方向、天顶距（倾角）和斜距，计算碎部点的平面直角坐标。用电子手簿记录观测数据或经计算后的测点坐标。每一个碎部点记录通常包括点号、观测值或坐标，除此以外还有与地图符号有关的符号码以及点之间的连接关系码。输入这些信息码极为重要，因为计算机自动绘制地图符号就是通过识别测量点的信息码执行相应的程序来完成的。这些信息将通过电缆传输到计算机里。外业记录的原始数据经计算机数据处理，在计算机屏幕上显示图形，然后在人机交互方式下进行地图的编辑。通过人机交互编辑形成的数字地图图形文件可以用磁盘存储或通过自动绘图仪绘制地图。计算机制图一般采用联机方式，将计算机和绘图仪直接连接，计算机将处理后的数据和绘图指令传输绘图仪绘图。

数字测图的基本硬件为全站仪或测距经纬仪、电子记录手簿、计算机、绘图仪等。数字测图软件的主要功能有野外数据的录入或处理、图形文件的生成、等高线生成、图形编辑、注记和地图的绘制等。

（三）地形测图的一般要求

1. 地形测图的精度

地形测图的精度是以地物点相对于邻近图根点的位置中误差和等高线相对于邻近图根点的高程中误差来衡量的。这两种中误差不应大于表 3-1-6 中的规定。

表 3-1-6　　　　　　　　　　　　　　地形图的精度要求

测 区 类 别	点位中误差 /mm	临近地物点间距的中误差/mm	等高线的高程中误差（等高距）			
			平地	丘陵地	山地	高山地
城市建筑区和平地、丘陵地	±0.5	±0.4	1/3	1/2	2/3	1
山地、高山地和设站施测困难的旧街坊内部	±0.75	±0.6				

注　对森林隐蔽地区和其他特殊困难地区，表中规定可放宽 0.5 倍。

2. 最大视距

为保证碎部点的测绘精度，在大比例尺地形测图中，要求立尺点至测站点的最大视距为：1∶1000 比例尺测图时不应超过 100m；1∶2000 比例尺测图时不应超过 200m，1∶5000 比例尺测图时不应超过 300m。

3. 碎部点的密度

应合理掌握碎部点的密度，其原则是少而精。应以最少的碎部点，全面、准确、真实地确定出地物、等高线的位置。通常，在图上平均 1cm² 内有一个立尺点就可以了。在直线段或坡度均匀的地方，碎部点间的最大间距 1∶1000 测图时不超过 30m，1∶2000 测图时不超过 50m，1∶5000 测图时不超过 100m。

地形测图时，碎部点太密，不仅测图效率不高，同时还影响图面清晰，不便用图；而碎部点太稀，则不能保证测图质量。一般在地面坡度平缓处，碎部点可酌量减少，而在地面坡度变化大、转折较多时，可适量增加立尺点。

对于地物测绘来说，碎部点的数量取决于地物的数量及其形状的繁简程度。对于地貌测绘来说，碎部点的数量，取决于地貌的复杂程度、等高距的大小及测图比例尺等因素。

4. 适当的综合取舍

由于地物、地貌千差万别，在地形测图时不可能毫无区别的将所有地物、地貌都完整而详尽地表示在图上，否则会因内容太多，造成主次不分，使图面不清晰，影响用图。因此在地形测图时，要考虑哪些该取、哪些该舍、哪些该综合表示。

地物、地貌的取舍没有统一的规定，应根据测图的比例尺，地物、地貌的繁简程度和用图的要求而定。

测图的比例尺越大，测绘的内容就越详细，因而综合取舍工作就越少。反之，测图比例尺越小，综合取舍工作就越多。例如对于 1∶1000 比例尺测图，尤其是 1∶500 比例尺测图，在施测居民地时，由于较小地物也能显示出来，所以应准确详细测绘建筑物轮廓及内部街巷、庭院、街区、空地等。但在 1∶5000 比例尺测图时，如房屋间距小于图上 1mm 即可合并综合表示，建筑物突出与缩进部分在图上小于 1mm 则可舍弃不表示。

在道路网稠密地区，一般小路不需测绘到图上，而在山区或难以通行的森林地区，小路就显得很重要而必须测绘到图上。

5. 加强测图工作的计划性

地形测图工作相对于其他测量工作来说，比较复杂、琐碎。若测图工作无计划，就会出现忙乱现象，甚至返工，影响测图效率。

测图最好先从图的一边开始，然后沿着一定的方向顺序推进，使工作有次序地展开。测图作业小组成员对图幅内的主要地物、地貌要有整体的了解，对每天的工作要心中有数。到达测站后，全体成员要共同分析周围地物、地貌情况，研究跑尺范围、顺序和综合取舍内容。观测员、立尺员、绘图员、记录员和计算员相互配合要默契，工作要有秩序。

6. 随时进行测图工作的检查

测图工作中应随时检查仪器的对中、整平和定向情况，使其不超过规定的限差值。检查仪器定向时，经纬仪归零差不应大于 $2'$；检查平板仪定向时，后视方向偏差不应大于图上的 0.3mm。在每个测站施测时，还应检查其他测站已测绘的地物、地貌是否正确；检核本测站与相邻测站所测的地物、地貌是否衔接一致，及时发现错误并做必要的修改与补充。一个测站的工作结束后，不应急于迁站，还应再次检查仪器定向并检视周围地形，检查有无错漏，确认各方面无误后，才允许迁站。总之，要做到站站清。

7. 对野外绘图工作的要求

野外绘图时所描绘的线条、符号、注记等，要与《地形图图式》中的规定相近似。所有文字、数字的注记应字头朝北。勾绘的各类线条不宜过重，以免图纸出现深痕，影响着墨。选用的铅笔硬度应适当，天气较热时，用较硬的铅笔（4H 或 5H）；天气较冷时，用较软的铅笔（2H 或 3H）。为保持测图纸清洁，测图板上应覆盖护图纸，测图时，仅需揭开测图所用部分。

（四）增设补充测站点的方法

在地形测量时，主要是利用图幅内的三角点和一级、二级图根点作为测站点来进行测图。但若地物、地貌比较复杂，通视条件受到限制，仅利用上述解析图根点作测站点，还不能将某些地物、地貌测绘出来时，就需在解析点的基础上，根据实际情况采用图解交会、图解支点或经纬仪视距导线的方法增设必要数量的补充测站点。

1. 图解交会点

若施测 1∶1000、1∶2000 比例尺地形图，可以利用前方、侧方图解交会点法增设；若施测 1∶5000 比例尺地形图，还允许采用图解后方交会法增设。无论采用哪一种图解交会法，都必须有一个多余的方向作为检核，且交会角需在 30°～150°之间。

所有交会方向应精确地交于一点。前方、侧方交会出现的示误三角形内切圆直径小于 0.4mm 时，可按与交会边长成比例的原则配赋，刺出点位；后方交会利用 3 个方向精确交出点位后，第四个方向检查误差不得超过 0.3mm。

图解交会点的高程用三角高程测量的方法测定。其推算高程所用的水平距离，可在图上用比例尺直接量取，竖直角用一测回测定。由两个方向或直觇、反觇推算高差的较差，在平地不应大于 1/5 等高距，在山地不应大于 1/3 等高距。

2. 图解支点

由图根点上可分支出图解支点，支点边长不宜超过用于图板定向的边长，并应往返测定。视距往返较差不应大于 1/200，图解支点最大边长及测量方法应符合表 3-1-7要求。

表 3-1-7　　　　　　　　　　　　**视距支点的要求**

比 例 尺	最大边长/m	测 量 方 法
1∶500	50	实量或测距
1∶1000	100	实量或测距
	70	视距
1∶2000	160	实量或测距
	120	视距

支点的高程可用测图仪器的水平视线或三角高程测量的方法测定，往返测高差的较差不得超过 1/7 等高距。

3. 经纬仪视距导线

经纬仪视距导线一般在解析点间布设成附合导线形式。它的测设方法与经纬仪导线方法基本相同，区别仅在于其导线边长用视距法测定。

经纬仪视距导线的水平角用经纬仪一测回测定。导线间的高差亦用视距法测定，方法与要求均与视距支点相同，但须待导线高程闭合差按与边长成比例的方法调整后，利用调整后的高差去推算增设导线点的高程。经纬仪视距导线点的坐标计算与经纬仪导线点的计算方法相同。

经纬仪视距导线的限差规定见表 3-1-8。

表 3-1-8　　　　　　　　　　　　**经纬仪视距导线的要求**

测图比例尺	导线最大长度/m	最大视距/m	往返测距离较差	水平角垂直角测回数	最大相对闭合差	坐标方位角的闭合差	高程闭合差（等高距）
1∶1000	350	100					
1∶2000	700	200	1/150	1	1/300	$40\sqrt{n}$	1/3
1∶5000	1500	250					

子学习情境 3-2　地　物　测　绘

一、地物测绘的一般原则

地物测绘主要是将地物的形状特征点（也即其碎部点）准确地测绘到图上。例如，地物的转折点、交叉点，曲线上的弯曲交换点等。连接这些特征点，便得到与实地相似的地物图像。

（1）凡能依比例尺表示的地物，就应将其水平投影位置的几何形状绘制到地形图上，如房屋、双线河流、球场等；或是将它们的边界位置表示到图上，边界内再填充绘入相应的地物符号，如森林、草地等。对于不能依比例尺表示的地物，则测绘出地物的中心位置并以相应的地物符号表示，如水塔、烟囱、小路等。

（2）地物测绘必须依测图比例尺，按地形测量规范和《地形图图式》的要求，经综合取舍，将各种地物表示在图上。

二、各类地物的测绘方法

1. 居民地的测绘

居民地中各类建筑物均应测绘。城市、工矿区中的房屋排列较为整齐，呈整列式。而乡村的房屋则以不规则的排列居多，呈散列式。散立式或独立式房屋均应分别测绘。

如图 3-2-1（a）所示，在测站 A 安置仪器，标尺立在房角 1、2、3 处，测定出 1、2、3 点的图上位置，再根据皮尺量出的凸凹部分的尺寸，用三角板推平行线的方法，就可在图上绘出房屋的位置和形状。测绘房屋至少应测绘 3 个屋角，因为屋角一般呈直角，利用这个关系，可以保证房屋的准确性。对于排列整齐的房屋［图 3-2-1（b）］，只要测定房屋的外围轮廓，并配合量取房屋的宽度与房间的距离，就可以绘出其他整排的房屋。如每幢房屋地基高程不相同，则应测出每幢房屋的一个屋角点的高程。居民区的外围轮廓，都应准确直接测绘。其内部的主要街道及较大空地应分开测绘。1∶500、1∶1000 比例尺测图的房屋、街巷应实测分清。等于或小于 1∶2000 比例尺的测图，街巷小于 1m 者可以根据用图需要，适当加以综合。

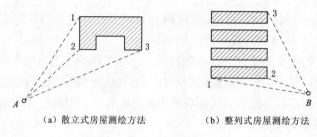

（a）散立式房屋测绘方法　　　（b）整列式房屋测绘方法

图 3-2-1　居民地的测绘

2. 道路测绘

道路分为铁路、公路、大车路、乡村小路等。道路的附属建筑物，如车站、桥涵、路堑、路堤、里程碑等，均应测绘在图上。

各种道路均属线状地物，一般由直线和曲线两部分组成。选择道路特征点，一是直线与曲线的变换点，二是曲线本身的变换点。

铁路应实测轨道中心线。在 1∶500、1∶1000 比例尺测图时，应按比例尺描绘轨宽。铁路上的高程应测轨面高程（曲线部分测内轨面），但标高仍注在中心位置。铁路两侧的附属性建筑物，应按实际位置，根据现行图式要求进行描绘。

公路也必须按实际测绘，特征点可选在路面中心或路的一侧，按实际路面宽度依比例尺描绘，在公路符号上应注明路面材料，如沥青、碎石等。

乡村大车路路面宽度不均匀，变化大，道路边界有时不太明显，测绘时，要将标尺立于道路中心，按平均路宽绘出。

人行小路可择要测绘，人行小路弯曲较多，要注意取舍，取舍后的位置离其实际位置在图上不应大于 0.4mm。

3. 管线、垣栅的测绘

管线包括地上、地下和空中的各种管道、电力线和通信线等。管道应测定其交叉点、转折的中心位置，并分别以依比例符号或不依比例符号表示。架空管线在转折处的支架塔柱应实测，而位于直线部分的，可用挡距长度在图上用图解法求出。塔柱上有变压器时，变压器的位置，按其与塔柱的位置关系绘出。

垣栅包括城墙、围墙、栅栏、篱笆、铁丝网等，应测定其转折点，并按规定符号表示。临时性的篱笆、铁丝网可以舍去。

4. 水系的测绘

水系包括河流、湖泊、水库、池塘、沟渠、井和泉等。

水系测绘方法与道路测绘方法类似。不同的是河流、湖泊、水库等，除测绘岸边外，还应测定水涯线（测图时的临时水位线），并适当测注其高程。

当河流沟渠的宽度在图上不超过 0.5mm 时，可在其转折点、弯曲特征点、分岔或汇合点、起点或终点竖立标尺测定，并在图上用单线表示。当其宽度大于图上的 0.5mm 时，可在岸的一侧立尺量其宽度用双线表示。当其宽度较大时，应在两岸立尺。对岸边线和水涯较小的弯曲，可适当加以综合取舍。

泉源、水井应在其中心立尺测定，但在水网地区，当其密度较大时，可按实际需要进行取舍。水井应测井台高程。

对水库、水闸、水坝等水利设施，均应按比例描绘。

土堤的堤高在 0.5m 以上才表示。堤顶宽度、斜坡、堤基底宽度，应按实际测绘，并注明堤顶高程。

水系中有名称的应注记名称。无名称的塘，加注"塘"字。

5. 独立地物测绘

独立地物如水塔、电视塔、烟囱、竖井、斜井、矸石山等。

独立地物对于用图时判定方位、确定位置有着重要作用，应着重表示。独立地物应准确测定其位置。凡图上独立地物轮廓大于符号尺寸的，应依比例尺符号测绘；小于符号尺寸的，依非比例符号表示。独立地物符号定位点的位置，在现行图式上均有相应的规定。

开采的或废弃的井，应测定其井口轮廓，若井口在图上小于井口符号时，应以非比例符号表示。开采的矿井应加注产品名称，如"煤""铜"等。通风井亦用矿井符号表示，加注"风"字，并加绘箭头，入风箭头向下，排风箭头向上，斜井井口及平硐洞口须按真方向表示，符号底部为井的入口。

矸石堆应沿矸石上边缘测定其上部位置，以曲线按实际形状连接各转折点，并依斜坡方向绘制规定的线条。同时还应测定其坡脚范围，以点线画出，并注记"矸石"二字。

6. 植被的测绘

植被是地面各类植物的总称，如森林、果园、耕地、苗圃等。

植被的测绘主要是各种植被的边界，以地类界点绘出面积轮廓，并在其范围内配制相应的符号。对耕地的测绘，还应区别是旱田还是水田等。如地类界与道路、河流等重合时，则可不绘出地类界，但与高压线、境界重合时，地类界应移位绘出。

7. 测量控制点的表示

各级测量控制点，在图上必须精确表示。图上几何符号的几何中心，就是相应控制点的图上位置。控制点点名和高程以分式表示，分子为点名，分母为高程，分式注在符号的右侧。水准点和经水准点引测的三角点、小三角点的高程，一般注至 0.001m，以三角高程测量测定的控制点的高程一般注至 0.01m。

三、地物测绘中跑尺的方法

立尺员依次在各碎部点立尺的作业，通常称为跑尺。立尺员跑尺好坏，直接影响着测图的速度和质量，在某种意义上说，立尺员起着指挥测图的作用。立尺员除需正确地选择地物特征点外，还应结合地物分布情况，采用适当的跑尺方法，尽量做到不漏测、不重复。

（1）地物较多时，应分类立尺，以免绘图员绘错，不应单纯为立尺员方便而随意立尺。例如，立尺员可沿道路立尺，测完道路后，再按房屋立尺；当一类地物尚未测完，不应转到另一类地物上去立尺。

（2）当地物较少时，可从测站开始，由近到远，采用螺旋形跑尺路线跑尺。待迁测站后，立尺员再由远到近以螺旋形跑尺路线跑回到测站。

（3）若有多人跑尺，可以以测站为中心，划分几个区，采取分区专人包干的方法跑尺。也可按地物类别跑尺。

子学习情境 3-3 地 貌 测 绘

地貌千姿百态，但从几何的观点分析，可以认为它是由许多不同形状、不同方向、不同倾角和不同大小的面组合而成的。这些面的相交棱线，称为地性线。地性线有两种，一种是由两个不同走向的坡度面相交而成的棱线，称为方向变化线，如山谷线、山脊线；另一种是由两个不同倾斜的坡面相交而成的棱线，称为坡度变化线，如陡坡与缓坡的交界线、山坡与平地交接的坡麓线等。在实际地貌测绘中，确定地性线的空间位置，并不需要确定棱线上的所有点，而只需测定各棱线交点的空间位置就够了，这些棱线交点称为地貌特征点。测定地貌特征点，再以地性线构成地貌的骨架，地貌的形态就容易表示出来了。故地貌的测绘，主要是测绘这些地貌特征点及其地性线。

一、地貌的测绘方法

地貌的测绘步骤，大体分为测绘地貌特征点、连接地性线、确定等高线的通过点、对照实际地貌勾绘等高线等几点。

1. 测绘地貌特征点

属于地貌特征点的有山的最高点、洼地的最低点、谷口点、鞍部的最低点、地面坡度和方向的变化点等。

测定地貌特征点，首先要恰当地选择地貌特征点。地貌特征点选择不当或漏测了某些重要的地貌特征点，将会改变骨架的位置，这样就不能准确真实地反映地表形态。为此，测绘人员应认真观察地貌，区分出主要的点、线和次要的点、线，用地形测图的方法测绘出地貌特征点。地貌特征点旁的高程，注记至分米，如图3-3-1所示。

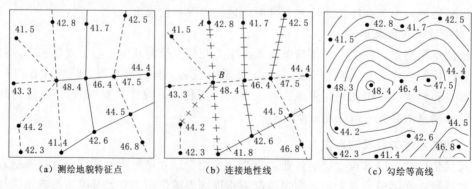

（a）测绘地貌特征点　　（b）连接地性线　　（c）勾绘等高线

图 3-3-1 等高线勾绘

2. 连接地性线

当测绘出一定数量的特征点后，测绘员应及时依实际情况，用铅笔连接地性线。图3-3-1（a）中虚线表示山脊线，实线表示谷山线。地性线应随地貌特征点陆续测定而随时连接。

3. 确定等高线的通过点

根据图上地性线描绘等高线，需确定地性线上等高线通过的点位。由于地性线上所有倾斜变化点在测定地貌变化点时已确定，故同一地性线上两相邻特征点间，可认为是等倾斜的。在选择了一定等高距的条件下，同一地性线上等高线通过点的间距应是相等的。为此，可按高差与平距成比例的关系来求算等高线在地性线上的通过点。

图3-3-1（b）中，A、B两点高程分别为42.8m和48.4m，设等高距为1m，则可以判断出该地性线上必有43m、44m、45m、46m、47m、48m等6根等高线通过。为说明确定等高线通过点的方法，将图中的AB线表示成图3-3-4中的AB线。图3-3-2中，AB为实际斜坡AB'的投影。由图中可看出确定AB地性线上的整米标高的等高线通过点，实际上就是确定图上AC、CD、DE、…、KB的长度，根据等高线的高差与平距成正比的关系，由图3-3-2可看出

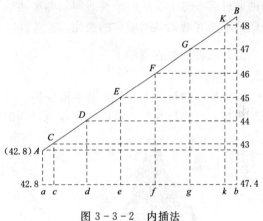

图 3-3-2　内插法

$$AC=\frac{AB}{h_{AB}}h_{AC} \quad KB=\frac{AB}{h_{AB}}h_{KB} \quad\quad (3-3-1)$$

若式中 $h_{AB'}=48.4-42.8=5.6(\text{m})$；$AB=21\text{mm}$；$h_{AC}=43-42.8=0.2(\text{m})$；$h_{KB'}=48.4-48.0=0.4(\text{m})$。代入式（3-3-1）中，则 $AC=\frac{21}{5.6}\times0.2=0.8(\text{mm})$，$KB=\frac{21}{5.6}\times0.4=1.5(\text{mm})$

因此在地形图上，由A沿AB截取0.8mm，即得地性线上43m等高线的通过点C，再由B点沿BA截取1.5mm，即为地性线上48m等高线的通过点K；再将CK线段5等分，得D、E、F、G四点，它们分别就是44m、45m、46m、47m四根等高线在地性线上的通过点。用同样的方法，也可确定出其他地性线上相邻地貌特征点间的等高线通过点。

上述按比例计算地性线上等高线通过点的方法，仅用来说明其内插原理。实际上是采用目估法来内插等高线通过点的。当测绘员对目估法不太熟练时，也可采用图解法。

图解法如图3-3-3所示，即用一张透明纸，绘出一组等间距的平行线，平行线两端注上0、1、2、3、…、10的数字。如将透明纸蒙在地形图A、B的连线上，使A点位于2和3两线间的2.8处，然后绕A点旋转透明纸，使B点恰好落在8和9两线间的

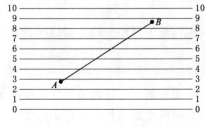

图 3-3-3　图解法

8.4 处，在 A 和 B 连线上，将平行线 3、4、5、6、7、8 与 AB 连线的交点，用细针刺在图上，即可得 43m、44m、45m、46m、47m、48m 的等高线在地性线上的通过点。

4. 对照实际地貌勾绘等高线

在地性线上，由内插法确定出各等高线的通过点后，就可依据实际地貌，用圆滑的曲线依次连接地性线上同高程的各点。这样便得到一条条等高线，如图 3-3-1（c）所示。

实际作业时，不是等到把全部等高线在地性线上的通过点全部确定下来后再勾绘等高线，而是一边求出相邻地性线上的同高程等高线通过点，就一边依实际地貌勾绘出等高线的，即等高线应随测随绘。但在时间紧迫、地形又不复杂的情况下可先行插绘计曲线。勾绘等高线是一项比较困难的工作，因为勾绘时依据的图上点只是少量的特征点和地性线上等高线的通过点，对于显示两地性线间的微型地貌来说，还需要一定的判断和描绘的实践技能，否则就不能客观地显示地貌的变化。待等高线勾绘完后，所有地性线应全部擦掉。

二、几种地貌的测绘

1. 山顶

山顶是山的最高点，是主要的地貌特征点，必须立尺测绘。由于山顶有尖山顶、圆山顶和平山顶之分，故各种山顶用等高线表示的形状也不一样，如图 3-3-4 所示。

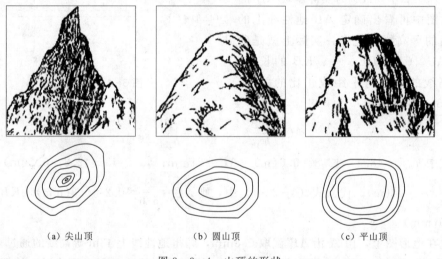

（a）尖山顶　　　　（b）圆山顶　　　　（c）平山顶

图 3-3-4 山顶的形状

（1）尖山顶。尖山顶的特点是整个地貌坡度变化比较一致，即使在顶部，等高线间的平距也大体相等。在测绘时，除在山顶的最高处立尺外，在其周围适当立一些尺就可以了。

（2）圆山顶。圆山顶的特点是顶部坡度比较缓，然后逐渐变陡。测绘时，除在山顶最高点处立尺外，应在山顶附近坡度逐渐变陡的地方立尺。

（3）平山顶。平山顶的特点是顶部平坦，到一定的范围时坡度突然变陡。测绘时除在山顶立尺外，特别要注意在坡度突然变陡的地方立尺。

2. 山脊

山脊是山体延伸的最高棱线，表示山脊的等高线凸向下坡方向。山脊的坡度变化反映了山脊纵断面的起伏情况，山脊等高线的尖圆程度反映了山脊横断面的形状。测绘山脊要真实地表现出其坡度和走向，要注意在山脊线的方向变化和坡度变化处立尺。

山脊按其脊部的宽窄分为尖山脊、圆山脊和平山脊，如图 3-3-5 所示。

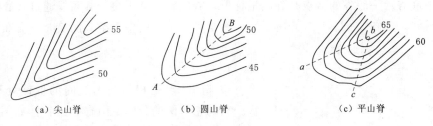

图 3-3-5　山脊的形状

（1）尖山脊。尖山脊的特点是山脊线比较明显，如图 3-3-5（a）所示。测绘时，在山脊线方向转折处和坡度变化点上立尺，对两侧山坡适当立尺即可。

（2）圆山脊。圆山脊的特点是脊部有一定坡度。山脊线不明显，通过山脊的等高线较为圆滑，如图 3-3-5（b）所示。测绘时需判断出主山脊线 AB 并在其上立尺，此外，还应在山坡坡度变化处立尺。

（3）平山脊。平山脊的特点是脊部宽度较大，山脊线不明显，如图 3-3-5（c）所示，测绘时，应注意脊部至两侧山坡坡度变化的位置，在其脊线 ab、bc 上立尺。描绘等高线时，不要把平山脊绘成圆山脊的形状，因平山脊脊部的宽度比圆山脊脊部大。

在实际地貌中，山脊往往有分岔现象，如图 3-3-6 所示，MN 为主脊，N 为分岔点，NP、NQ 为支脊。测绘时，特别要判断好分岔点并且必须在其上立尺。

图 3-3-6　山脊分岔现象

3. 山谷

山谷等高线应凸向高处。山谷的形状分为尖底谷、圆底谷、平底谷，如图 3-3-7 所示。

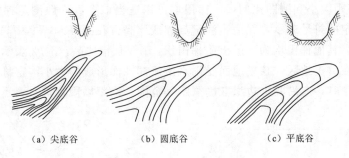

图 3-3-7　山谷的形状

（1）尖底谷。尖底谷的特点是谷底尖窄，山谷比较明显，等高线在谷底处呈尖角转折形状，如图 3-3-7（a）所示。测绘时，立尺点应选择在山谷线方向和倾斜变化处。两侧也需立尺。

（2）圆底谷。谷底线不十分明显，谷部有一定宽度，等高线在谷底处呈圆弧状，如图

3-3-7（b）所示。测绘时，应判断出主谷底线并在其上立尺。两侧立尺也应密一些。

（3）平底谷。平底谷的特点是谷底呈梯形，谷底较宽且平缓，等高线通过谷底时呈近似平行的直线状，如图 3-3-7（c）所示。一般常见于河谷的中下游。测绘时，需在谷底的两侧立尺。

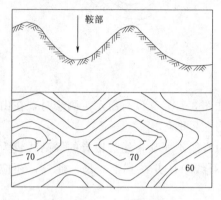

图 3-3-8 鞍部

4. 鞍部

鞍部的特点是相邻两山头间的低洼处形似马鞍状。它的相对两侧分别是山脊和山谷，如图 3-3-8 所示。鞍部往往是山区道路通过的地方，在图上有重要的方位作用。测绘时，在鞍部山脊线的最低点，也是山谷线的最高点必须立尺。鞍部附近的立尺点应视坡度变化情况选择。

5. 盆地

盆地等高线的特点是与山顶相似，但其高低相反，即外圈等高线的高程大于内圈等高线的高程。测绘时，需在盆地的最低处、盆底四周及盆壁坡和走向变化处立尺。

6. 山坡

山坡为倾斜的坡面。表示坡面的等高线近似于平行曲线。坡度变化小时，其等高线平距近似相同；坡度变化大时，等高线的疏密不同。测绘时，立尺点应选择在坡度变换的地方。此外，还应适当注意使一些不明显的小山脊、小山谷等小地貌显示出来，为此，必须注意在山坡方向变换处立尺。

7. 特殊地貌

不能单用等高线表示的地貌，如梯田坎、冲沟、崩崖、绝壁、石块地等，称为特殊地貌。对特殊地貌，需用测绘地物的方法，测绘其轮廓位置，再用《地形图图式》中规定的符号和注记表示。

（1）梯田坎。梯田坎是依山坡或谷地由人工修成阶梯式农田的陡坎。根据梯田的比高（高度）、等高距大小和测图比例尺，梯田坎可以适当取舍。一般测定梯田坎上边缘的转折点位置，以规定的符号表示，并适当注记高程或比高。在图 3-3-9 中，1 为用石料等材料加固的梯田坎，其他梯田坎为一般土质梯田坎，1.3 是指比高，84.2 表示点之高程。

（2）冲沟。在黄土地区，疏松地面受雨水激流冲蚀而形成的大小沟壑称冲沟。冲沟的沟壑一般较陡，测绘时，应沿其上边缘准确测定其范围。沟壑以规定符号表示。冲沟在图上的

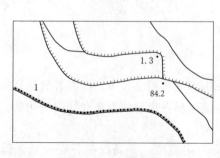

图 3-3-9 梯田坎

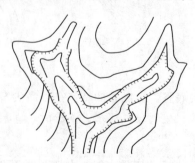

图 3-3-10 冲沟

宽度大于 5mm 时，需在沟底立尺并加绘等高线。如图 3-3-10 所示。

（3）崩崖。崩崖是沙土或石质的山坡受风化作用，碎屑向山坡下崩落的地段。描绘时根据实测范围按规定的符号表示。图 3-3-11（a）为沙崩崖，图 3-3-11（b）为石崩崖。

（4）石块地。石块地为岩石受风化作用破坏而形成的碎石块堆积地段。应实测其范围，以规定的符号表示，如图 3-3-12 所示。

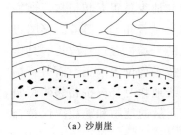
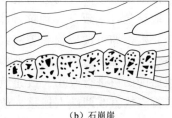
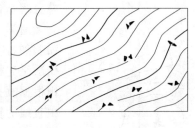

（a）沙崩崖　　　　　　　　　（b）石崩崖

图 3-3-11　崩崖　　　　　　　　　　　　　　图 3-3-12　石块地

三、测绘地貌时的跑尺方法

1. 沿山脊线和山谷线跑尺法

当地貌比较复杂时，为了绘图连线方便和减少其差错，立尺员从第一个山脊的山脚开始，沿山脊线往上跑尺；到山顶后，又沿相邻的山谷线往下跑尺直至山脚；然后又跑紧邻的第二个山脊线和山谷线，直至跑完为止。这种跑尺方法，立尺员的体力消耗较大。

2. 沿等高线跑尺法

当地貌不太复杂，坡度平缓且变化均匀时，立尺员按"之"字形沿等高线方向一排排立尺。遇到山脊线或山谷线时顺便立尺。这种跑尺方法便于观测和勾绘等高线，又易发现观测、计算中的差错；同时，立尺员的体力消耗较少。但勾绘等高线时，容易错判地性线上的点位，故绘图员要特别注意对地性线的连接。

子学习情境 3-4　地形图的拼接、整饰、检查及验收

一、地形图的拼接与整饰

（一）图的拼接

地形图是分幅测绘的。各相邻图幅必须能互相拼接成为一体。由于测绘误差的存在，在相邻图幅拼接处，地物的轮廓线、等高线不可能完全吻合，若接合误差在允许范围内，可进行调整；否则，对超限的地方需进行外业检查，在现场改正。

为便于拼接，要求每幅图的四周，均需测出图廓外 5mm 范围。对线状地物应测至主要的转折点和交叉点；对地物的轮廓应完整地测出。

为保证图边拼接精度，要在建立图根控制时，在图幅边附近布设足够的解析图根点，相邻图幅均可利用它们来测图。

图 3-4-1 中，表示左右两幅图在相邻边界衔接处的等高线、道路、房屋等都有偏差。根据地形测量规范规定，接图误差不应大于地物、地貌相应中误差的 3 倍。例如，主要地物中误差为 ±0.6mm，接边时，同一地物的位置误差不应大于图上 ±0.6×3＝±1.8(mm)；

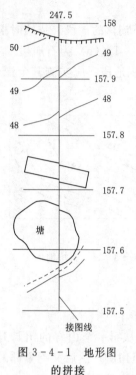

又如，6°以下地面等高线中误差为 1/3 等高距，设测图等高距为 1m，接边时两图边同一等高线的高程之差不应大于 ±1m。

由于图纸本身性质不同，拼接时在做法上也有所不同。

1. 聚酯薄膜测图的拼接方法

由于薄膜具有透明性，拼接时可直接将相邻图幅边上下准确地叠合起来，仔细观察接图边两边的地物和地貌是否互相衔接，地物有无遗漏，取舍是否一致，各种符号注记是否相同，等等。接图边误差如符合要求，即可按地物和等高线的平均位置进行改正。具体做法是先将其中一幅图边的地物、地貌按平均位置改正，而另一幅则根据改正后的图边进行改正。改正直线地物时，应按相邻两图幅中直线的转折点或直线两端点连接。改正后的地物和地貌应保持合理的走向。

2. 白纸测图的接图方法

用白纸测图时，需用 5cm 宽，比图廓边略长的透明纸作为接图边纸。在接图边纸上需先绘出接图的图廓线、坐标格网线并注明其坐标值；然后将每幅图各自的东、南两图廓边附近 1~1.5cm 以及图廓边线外实测范围内地物、地貌及其说明符号注记等摹绘于接图边纸上。再将此摹好的东、南拼接图边分别与相邻图幅的西、北图边拼接，如图 3-4-1 所示。拼接注意问题和改正要求，与上述聚酯薄膜图接图方法相同。

图 3-4-1　地形图的拼接

（二）图的铅笔整饰

（1）用橡皮擦掉一切不必要的点、线，所有地物和地貌都按《地形图图式》和有关的规定，用铅笔重新画出各种符号和注记。地物轮廓应清晰并与实测线位严格一致，不准任意变动。

（2）等高线应绘制得光滑、匀称，按规定的粗细加粗计曲线。

（3）用工整的字体进行注记，字头尽量朝北。文字注记应适当，应尽量避免遮盖地物。计曲线高程注记尽量在图幅中部排成一列，地貌复杂时，可分注几列。

（4）重新描绘好坐标方格网（因经过测图过程，已使图上方格网不清晰，故需依原绘制方格网时所刺的点绘制并注意其精度），此外还要在方格网线的位置上注明坐标值。

（5）按规定整饰图廓。在图廓外相应位置注写图名、图号、比例尺、坐标、高程系统、基本等高距、测绘机关名称、测绘者姓名和测绘时间等。

二、地形图的检查与验收

地形图及其有关资料的检查与验收工作，是测绘生产中的一个重要环节，是测绘生产技术管理工作的一项重要内容。

地形图的检查与验收工作，要在测绘人员自己充分检查的基础上，提请上级业务单位派专职检查人员进行总的检查和质量评定。若合乎质量标准，应予以验收。检查验收的主要技术依据是地形测量技术设计、现行地形测量规范和《地形图图式》。

（一）自检

在整个测绘过程中，测绘作业人员应将自我检查贯穿于测绘始终。自检的主要内容有：

（1）使用仪器工具是否定期检校并合乎精度要求，控制测量成果是否完全可靠。

（2）图廓、坐标格网的展绘是否正确。

（3）控制点平面位置和高程注记是否正确。

在每一测站上，应随时检查本测站所测地物、地貌有无错误或遗漏，并用仪器检查其他测站所测地物、地貌是否正确。即使在迁站过程中，也应沿途作一般性的检查，如发现错误，应随即改正。测绘人员一定要做到当站工作当站清，当天工作当天清，一幅测完一幅清。

（二）提交资料

测图工作结束后，需将各种有关资料装订成册或整理妥当，以供全面检查与验收，上交资料分为控制测量、地形测量及技术总结三部分。

（1）控制测量部分：测区的分幅及其编号图，控制点展点图（包括水准路线），各种外业观测手簿，计算手簿，控制点成果表（包括坐标和高程）。

（2）地形测量部分：地形原图，碎部点记录手簿，野外接边图。

（3）技术总结部分：一般说明，对已有成果资料的利用情况，首级控制、图根控制、地形测图情况说明，对整个测量工作的评价等。

（三）全面检查

1. 内业检查

地形图的内业检查，就是对图面内容的表示是否合理、有关资料是否齐全和无误的检查。内业检查为外业检查提供线索，确定重点检查区域。内业检查主要内容有：

（1）检查图廓及坐标格网的正确性。

（2）各级控制点的展绘是否正确，高程注记是否与成果表中的数字相符。

（3）图上控制点数及埋石点数是否满足要求。

（4）地物、地貌符号是否合理。

（5）各种注记是否正确、清晰、有无遗漏。

（6）图面地貌特征点数量和分布能否保证勾绘等高线的需要，等高线与地貌特征点高程是否适应。

（7）图边是否接好。

（8）各种资料手簿是否齐全无误。

2. 外业检查

（1）巡视检查。检查人员携带图板到测区，按预订路线进行实地对照查看。查看地物轮廓是否正确，地貌显示是否真实，综合取舍是否合理，主要地物是否遗漏，符号使用是否恰当，各种注记是否完备和正确等。

（2）仪器检查。对原图上某些有怀疑的地方或重点部分可进行仪器检查。仪器检查的方法有方向法、散点法、断面法。

1）方向法，适用于检查主要地物点的平面位置有无偏差，检查时需在测站上安置平板仪，用照准直尺边缘贴靠在该测站点上，将照准仪瞄准被检查的地物点，检查已测绘在图上的相应地物点方向是否有偏离。

2）散点法，与碎部测量一样，即在地物或地貌特征点上立尺，用视距测量的方法测定其平面位置和高程，然后与图板上相应点比较，以检查其精度是否合乎要求。

3）断面法，与测图时采用同类仪器和方法，沿测站某方向线上测定各地物、地貌特征点的平面位置和高程，然后再与地形图上相应的地物点、等高线通过点进行比较。

上述检查方法，当采用与测图时相同的仪器和方法实测时，其较差之限差不应超过测量规范中相关限差规定的 $2\sqrt{2}$ 倍。

检查结束后，若检查中发现错误、缺点，应立即在实地对照改正。如错误较多，上级业务单位可暂不验收，应将上缴原图和资料退回作业组进行修测或重测，然后再作检查和验收。

测绘成果、成图，经全面检查符合要求，即可予以验收。并根据质量评定标准，实事求是地做出质量等级的评估。

学习情境 4 地 形 图 应 用

项目载体

北京×××学校地形图基本应用

教学项目设计

(1) 项目分析。根据北京×××学校国家级示范院校建设工作的要求,为了提高学校管理的水平,已经测绘了该校综合地形图;根据实际工作的需要,测绘地形图的比例尺为1:500。

北京×××学校,占地面积 400 余亩❶,建筑面积约 20 万 m^2,大部分地区的自然地貌已经被建筑物和绿化带所覆盖,植被、建筑物相对比较密集,测区内的图根控制点大多数完好,可以利用。

地形图的图式采用国家测绘局统一编制的《1:500、1:1000、1:2000 大比例尺地形图图式》。

根据学校建设和基础设施改造工作的需要,在实际工作中要求根据图纸确定一系列地面几何要素,如坐标、方向、距离、面积、坡度、土石方工程量等。

(2) 任务分解。根据实际工作的需要,地形图应用的工作任务可以分解为地形图的识读,确定一点的坐标,确定两点之间的距离、坐标方位角,根据地形图绘制断面图、量算制定区域的面积,根据指定坡度确定最短路线等。

(3) 各环节功能。地形图的识读是地形图应用的前提,是地形图应用时必须进行的第一个步骤,在地形图上确定一点的坐标是地形图应用的最基本内容,而应用地形图确定两点之间的距离、坐标方位角、坡度以及面积量算和最短路线的确定等,则是地形图应用中的常见形式,是测绘工作者必须掌握的基本技能。

(4) 作业方案。根据实际工作的需要,确定建筑物之间的间距、建筑物的占地面积、道路的长度及其中心线的方向,基础设施建设时在高差比较大的地区确定坡度与最短路线,场地平整时的土石方工程量计算等。用到的工具包括直尺、半圆仪、三角尺、计算器、求积仪等。

(5) 教学组织。本学习情景的教学为 24 学时,分为 4 个相对独立又紧密联系的子学习情境。教学过程中以作业组为单位,每组一个测区,在测区内分别完成地形图的识读、确定一点的坐标、确定两点之间的距离、坐标方位角、根据地形图绘制断面图、量算制定区域的面积,根据指定坡度确定最短路线等作业任务。作业过程中教师全程参与指导。每组领用的仪器设备包括经纬仪、测钎、花杆、钢尺、小钢尺、测伞、点位标志、记录板、记录手簿等。要求尽量在规定时间内完成外业作业任务,个别作业组在规定时间内没有完成的,可以

---

❶ 1亩≈666.67m²。

利用业余时间继续完成任务。在整个作业过程中教师除进行教学指导外，还要实时进行考评并做好记录，作为成绩评定的重要依据。

子学习情境 4-1　地 形 图 的 识 读

地形图是全面反映地面上地物、地貌的图纸，任何规模较大的工程建设，都需要借助于详细而精确的地形图进行规划与设计。测区的地形图所用的比例尺都比较大，一般常用的有1∶5000、1∶2000、1∶1000、1∶500，通常称为测区大比例尺地形图。测矿区地形图是测区规划、设计、施工和指导生产的重要依据。在地形图上可以研究分析该地区的地面高低、坡度、坡向、河流沟渠、水田旱地、森林木场、交通线路及建筑物的相关位置等情况，以便因地制宜地合理进行规划和设计。根据地形图，还可以取得点位、距离、方位、坡度和面积等矿区规划、设计、施工和指导生产所需的数据，这比到实地处理和研究问题更为方便和迅速。因此，掌握有关地形图应用的一些基本知识，就能充分利用地形图为工程建设服务。

要正确使用地形图，则必须具备识图的基本知识。

一、图名和图号

一幅图的图名是用图幅内最著名的地名或企事业单位的名称来命名的。图号则是按统一的分幅序列进行编号的。图名和图号注记在北图廓外上方的中央。如图 4-1-1 所示，其图名是热电厂，图号为"10.0-21.0"。

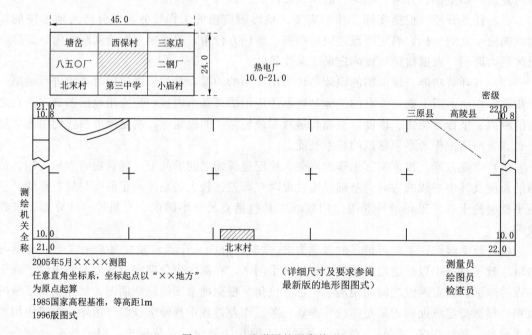

图 4-1-1　地形图的图廓外注记

二、接图表

北图廓（图 4-1-1）左上角的 9 个小格称为接图表，中间绘有斜线的一格代表本图幅的位置，四周 8 格分别注明了相邻图幅的图名。利用接图表，可迅速找到相邻图幅的地形图进行拼接。

三、比例尺

地形图上通常用数字比例尺和直线比例尺表示。数字比例尺一般注写在南图廓外的中央。直线比例尺绘在数字比例尺的下面。此外，也可通过坐标方格网所注的数字判明比例尺的大小。利用比例尺可在图上进行量测作业。

四、图廓

地形图的边框称为图廓。图廓由内图廓和外图廓组成。内图廓是图幅的测图边界线，图幅内的地物、地貌都测至该边边线为止。正方形分幅的内图廓是由平面直角坐标的纵横坐标线所确定的（图 4 - 1 - 1）。外图廓位于图幅的最外面，用粗线表示。内外图廓线相互平行。对于通过内图廓的重要地物，如境界线、河流、跨图廓的村庄等，均需在内外图廓间注明，如图 4 - 1 - 1 所示。

五、坐标格网

坐标格网分平面直角坐标格网和经纬网。

（一）平面直角坐标格网

以选定的平面直角坐标轴系为准，按一定间隔描绘的正方形格网，即为平面直角坐标格网。采用国家统一平面直角坐标系统的地形图平面直角坐标格网，通常由边长 10cm 的正方形组成，格网的纵横线分别平行于中央子午线和赤道。平面直角坐标在内、外图廓间注有以公里为单位的坐标值，故又称公里网。平面直角坐标格网线也可不全部绘出，但必须在格网线交叉处，用"十"字线标出。利用平面直角坐标格网，可确定图上任一点的平面直角坐标。

（二）经纬网

当用梯形分幅时（梯形分幅在大比例尺地形图中很少用），地形图上除绘有平面直角坐标格网外，还有经纬网。利用经纬网可确定图上点的经纬度。

六、平面直角坐标系统和高程系统

在每幅地形图南图廓外左侧，注有所采用的平面直角坐标系统和高程系统。

七、地形图符号

地形图上各种地物、地貌和注记符号，是图的重要组成部分。地形图符号所表示的内容，可在地形图南图廓外左侧所注写的《地形图图式》中查出。用图人员应熟悉常用符号，理解等高线特性，以便正确识读和使用地形图。

子学习情境 4 - 2 地形图的基本应用

地形图的应用十分广泛，而不同的专业对图的应用又有所侧重。下面介绍一些应用地形图解决实际工程问题的基本方法。

一、在地形图上确定任一点的平面直角坐标

在地形图上作规划设计时，经常需要用图解的方法量测一些设计点位的坐标。例如，在

地形图上设计的钻孔、井筒中心位置，就要先在图上求出它们的平面直角坐标。

如图 4-2-1 所示，要求图上 M 点的平面直角坐标，先过 M 点分别作平行于直角坐标纵线和横线的两条直线 gh、ef，然后用比例尺分别量出 $ae=65.4$m、$ag=32.1$m。则

$$x_M=x_a+ae=3811100+65.4=3811165.4(\text{m})$$

$$y_M=y_a+ag=20543100+32.1=20543132.1(\text{m})$$

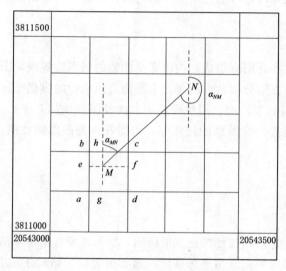

图 4-2-1　点、线、方向的量算

为防止错误，还应量出 eb 和 gd 进行检核。

由于图纸的伸缩，在图纸上量出方格边长（图上长度）不等于 10cm 时，为提高坐标的量测精度，就必须进行改正。

设量得 ab 两点之间的图上长度为 ab，量得 ad 两点之间的图上长度为 ad，则 M 点的坐标应为

$$x_M=x_a+\frac{10}{ab}ae$$

$$y_M=y_a+\frac{10}{ad}ag \quad (4-2-1)$$

二、求图上直线的坐标方位角

如图 4-2-1 所示，欲求直线 MN 的坐标方位角，有两种方法：

（1）图解法。过 M 点作平行于坐标纵线的直线，然后用量角器量出 α_{MN} 的角值，即为直线 MN 的坐标方位角。为了检核，同样还可以量出 α_{NM}，用公式 $\alpha_{MN}=\alpha_{NM}\pm180°$ 校核。

（2）解析法。先确定 M 点、N 点的坐标，再计算坐标方位角

$$\tan\alpha_{MN}=\frac{y_M-y_N}{x_M-x_N}$$

即

$$\alpha_{MN}=\arctan\frac{\Delta y_{NM}}{\Delta x_{NM}} \quad (4-2-2)$$

当然，应根据 MN 直线所在的象限来确定坐标方位角的最后值。

三、求图上两点的水平距离

如图 4-2-1 所示，欲求图上 MN 直线的水平距离，有两种方法。

（1）图解法。用三棱比例尺直接量取 MN 距离，或用直尺量取 MN 距离再乘以比例尺分母。

（2）解析法。先确定 M、N 点坐标，再按式（4-2-3）计算两点水平距离，即

$$S_{MN}=\sqrt{(x_N-x_M)^2+(y_N-y_M)^2} \quad (4-2-3)$$

或

$$S_{MN}=\frac{x_N-x_M}{\cos\alpha_{MN}}=\frac{y_N-y_M}{\sin\alpha_{MN}}$$

四、求图上任一点高程

1. 点在等高线上

如果点在等高线上，则其高程即为等高线的高程。如图 4-2-2 所示，A 点位于 30m 等高线上，则 A 点的高程即为 30m。

2. 点不在等高线上

如果点位不在等高线上，则可按内插求得。如图 4-2-2 所示，B 点位于 32m 和 34m 两条等高线之间，这时可通过 B 点作一条大致垂直于两条等高线的直线，分别交等高线于 m、n 两点，在图上量取 mn 和 mB 的长度，又已知等高距 $h=2$m，则 B 点相对于 m 点的高差 h_{mB} 可按下式计算

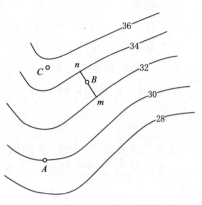

$$h_{mB} = \frac{mB}{mn} h \qquad (4-2-4)$$

设 $\frac{mB}{mn}$ 的值为 0.8，则 B 点的高程为

图 4-2-2　确定点的高

$$H_B = H_m + h_{mB} = 32\text{m} + 0.8 \times 2\text{m} = 33.6\text{m}$$

通常根据等高线用目估法按比例推算图上点的高程。

五、根据等高线间的平距确定其坡度

已知地形图上的等高距为 h，若需确定图上两相邻等高线间的倾角 α 或坡度 i，可量出两等高线的实地平距 S，然后按式（4-2-5）计算

$$i = \tan\alpha = \frac{h}{S} \qquad (4-2-5)$$

式中：i 为坡度，用百分率（％）或千分率（‰）来表示。

在已知地形图上的等高距的情况下，也可以用"坡度尺"，由两相邻等高线的平距求得相应坡面的倾角或坡度。

坡度尺的制作方法是：

（1）先按公式 $S = \frac{h}{\tan\alpha}$ 求出 $\alpha = 0.5°$、$1°$、$2°$、$\cdots$、$20°$ 时的相应平距 S。如 $h=2$m 时，算得结果见表 4-2-1。

表 4-2-1　　　　　　　　等高线平距与倾角得关系（$h=2$m 时）

倾角/(°)	0.5	1	2	3	4	5	10
等高线平距 S/m	229.18	114.58	57.27	38.16	28.60	22.86	11.34

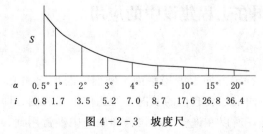

图 4-2-3　坡度尺

（2）如图 4-2-3 所示，在图上画一水平直线，以适宜长度将该直线等分若干段，依次在各等分点下面按顺序注记地面倾角的度数，如 0.5°、1°、$\cdots$、20°。

（3）自各分点向上作垂线，并在垂线上按地形图比例尺截取相应倾角的等高线平距。

（4）用平滑的曲线依次连接各垂线的顶点，即绘成坡度尺。

因地面倾角很小，其余切变化很大，故在 1°～5° 区间以 1° 作为分划间隔，而在 5° 以上，则用 5° 作为分划间隔。

使用坡度尺时，先用分规在地形图上量出相邻两等高线的平距，然后将分规移至坡度尺上，以一脚尖放在水平直线上，使两脚尖的连线平行垂线移动，到另一脚尖与曲线相截为止，此时位于水平直线上的脚尖所指的度数，即为所求的地面倾角。

在工程规划或设计时，坡度尺中的水平直线各分点是以百分率来表示的。其绘法与用法，都与上面用角度表示的坡度尺相同，只是将度数注记换成百分率。各垂线上的平距是按式（4-2-6）计算的，即

$$S = \frac{h}{i} = \frac{h}{\tan\alpha} \qquad\qquad (4-2-6)$$

用角度表示和用百分率表示的坡度尺可分别绘出，也可绘在同一图上。当绘在同一图上时，只需在倾角注记下注出百分率即可。如图 4-2-3 所示，倾角 4° 下注记坡度百分率为 7%。

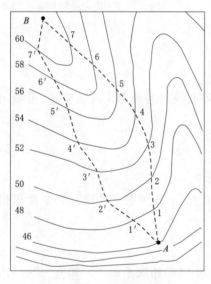

图 4-2-4　按规定坡度在
地形图上选定最短路线

六、按规定坡度在地形图上选定最短路线

在山区或丘陵地区进行管线、公路等设计时，均有坡度规定。在地形图上选定线路时，要综合考虑多种因素。这里介绍的是按规定坡度在地形图上选定最短路线的方法。

如图 4-2-4 所示，要从 A 点开始，向山上 B 点选一条公路。由图可知，等高距 $h = 2\text{m}$，若设计的规定坡度 $i = 5\%$，则路线通过相邻等高线的最短距离应为

$$S = \frac{h}{i} = \frac{2}{5} \times 100 = 40\,(\text{m})$$

在图上选线的方法是以 A 为圆心，依地形图比例尺，40m 为半径作圆弧，交 48m 等高线于 1 及 1′ 点，再以 1 及 1′ 点为圆心，交 50m 等高线于 2 及 2′ 点，如此一直进行到 7 及 7′ 点，由 7 及 7′ 至 B 点这段距离；因任何方向的坡度均小于 5%，故按最短距离直接至 B。将这些相邻点相连，便可得到两条所选线路，最后通过实地调查和比较，从中选择一条最合理的路线。

子学习情境 4-3　地形图在工程建设中的应用

一、根据地形图绘制图上已知方向的断面图

地形图上已知方向的断面，就是假设在一个特定方向上的铅垂面（断面）与地面相交，得到与地面的交线，这条交线称为断面线，将断面上地表起伏的状况，按比例绘制成图，即为断面图。由于这种图能真实反映地面起伏情况，所以在许多工程设计和施工中经常用到。

如图 4 - 3 - 1 所示，为修建跨越山谷的公路，需根据地形图绘制 MN 方向的断面图。首先在图纸上绘一坐标系，横轴表示水平距离，纵轴表示高程；水平距离比例尺与地形图比例尺一致，为明显表示出地面起伏情况，高程比例尺可取水平距离比例尺的 10 倍或更大倍数。然后，在地形图上从 M 点起，沿 MN 方向依次量取两相邻等高线间的水平距离，并以同一比例尺绘在横轴上，得 m、1、2、3、……、13、n 各点，再根据各点的高程，沿纵轴标出各点的相应位置，最后用平滑的曲线连接这些点，即绘制成 MN 方向的断面图，如图 4 - 3 - 1 所示。

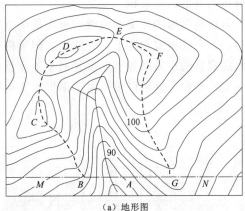

（a）地形图

二、在地形图上确定汇水面积的边界线

在修筑道路的桥涵或修建水库的大坝等工程中，需要了解有多大面积的雨水往这个河流或谷地里汇集，这个面积称为汇水面积。确定汇水面积三边界线，计算出汇水面积的大小，根据有关气象资料就可以算出汇水量。

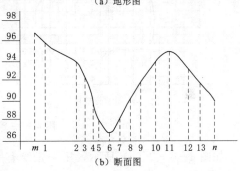

（b）断面图

图 4 - 3 - 1   断面图的绘制

如图 4 - 3 - 1 所示，公路跨越山谷，拟在 A 处建一座桥梁，故需了解 A 处的汇水量，为此应先确定汇水面积的边界线。

如图 4 - 3 - 1 地形图上可看出，汇水面积的边界线，应沿分隔相邻汇水面积的山脊线，经过鞍部或山顶，以垂直于等高线的连续不断的曲线绘出。图中由山脊线 BC、CD、DE、EF、FG 以及公路上 G、B 所围成的面积，就是所求汇水面积。

三、在地形图上量测面积

在进行工程规划与设计时，经常需要计算某一地区的面积，如矿区面积、工业广场面积、地表移动和塌陷面积以及汇水面积等。面积的大小，通常可在地形图上量测而获得。

地形图上待测面积的图形与实地面积的图形是相似的。由几何学可知，相似图形面积之比等于其相应边之比的平方，即

$$\frac{P'}{P} = \frac{1}{M^2}$$

或

$$P = P'M^2 \tag{4 - 3 - 1}$$

式中：P 为实地面积；P′ 为地形图上面积；M 为地形图比例尺分母。

在地形图上量测面积的方法很多，常用的有以下 3 种方法。

（一）图解法

若图上待测图形为多边形时，可将其划分成若干个简单的几何图形，如三角形、平行四边形、梯形等。然后用直尺或比例尺量取所需边的尺寸，再根据几何公式计算出面积。用直尺量测出的图上面积，还应按式（4 - 3 - 1）换算成实地面积。最后将所有图形的面积相加，

即得待测图形的总面积。

　　若待测图形的轮廓为曲线，可用透明方格板法来计算，如图 4-3-2（a）所示。测定面积时，将方格板放在图上，先数出在图形内完整的小方格数，然后用目估法将不完整的小方格凑成完整的小方格数（一般是两个不完整的方格计为 1 格）。这样，根据每个小方格所表示的实地面积，就可以求得整个图形的实地面积。

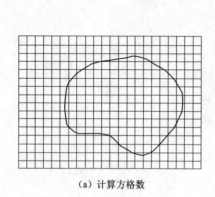
（a）计算方格数

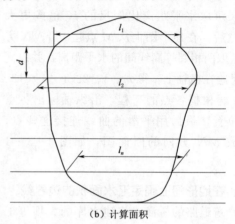
（b）计算面积

图 4-3-2　方格网法求面积

　　如图 4-3-2（b）所示，用一张绘有等间隔平行线的透明纸覆盖在待量测区域上（平行线间隔为 d），并移动透明纸，使平行线与图形的上下边线相切，也可直接在图纸上绘出等间隔的平行线。把相邻两平行线之间所截的部分图形看成梯形，量出各梯形的底边长度 l_1、l_2、$\cdots$、l_n，则各梯形面积分别为

$$S_1' = \frac{1}{2}d(0+l_1)$$

$$S_2' = \frac{1}{2}d(l_1+l_2)$$

$$\vdots$$

$$S_{n+1}' = \frac{1}{2}d(l_n+0)$$

总的图形面积为

$$\sum S' = S_1' + S_2' + \cdots + S_{n+1}' = (l_1+l_2+\cdots+l_n)d$$
$$(4-3-2)$$

如果图的比例尺为 $1:M$，则该区域的实地面积为

$$S = \sum S' \cdot M^2$$

（二）解析法

　　解析法是利用多边形顶点的坐标值计算面积的方法。如图 4-3-3 中，1、2、3、4 为多边形的顶点，多边形的每一边与坐标轴及坐标投影线（图上垂线）都组成一个梯形。

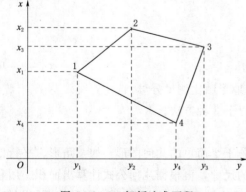
图 4-3-3　解析法求面积

多边形的面积 S 即为这些梯形面积的和与差。图 4 - 3 - 3 中，四边形面积 S_{1234} 为梯形 $1_{y_1}2_{y_2}$ 的面积加上梯形 $2_{y_2}3_{y_3}$ 的面积再减去梯形 $1_{y_1}4_{y_4}$ 和 $4_{y_4}3_{y_3}$ 的面积，即：

$$S_{1234}=S_{1y_1 2y_2}+S_{2y_2 3y_3}-S_{1y_1 4y_4}-S_{4y_4 3y_3}$$

按各点的坐标可写成下式：

$$S=\frac{1}{2}(x_1+x_2)(y_2-y_1)+\frac{1}{2}(x_2+x_3)(y_3-y_2)-\frac{1}{2}(x_3+x_4)(y_4-y_3)-\frac{1}{2}(x_4+x_1)(y_1-y_4)$$

$$=\frac{1}{2}[x_1(y_2-y_4)+x_2(y_3-y_1)+x_3(y_4-y_2)+x_4(y_1-y_3)]$$

对于 n 点多边形，其面积公式的一般形式为

$$S=\frac{1}{2}\sum_1^n x_i(y_{i+1}-y_{i-1}) \tag{4-3-3}$$

同理可推出

$$S=\frac{1}{2}\sum_1^n y_i(x_{i+1}-x_{i-1}) \tag{4-3-4}$$

在用计算器进行计算时，可用以上两式分别进行计算，以检核计算结果的正确性。

子学习情境 4 - 4　野　外　填　图

利用地形图进行野外地理考察或工程考察，并将野外考察内容填绘到图上是地形图应用的重要内容。这项工作包括 4 个步骤：准备工作、地形图定向、确定站立点位置和野外填图。

一、准备工作

在进行野外考察之前，应做好准备工作，包括准备地形图和掌握简易测量。

（一）准备地形图

根据考察目的和范围，选定地形图的比例尺并查出地形图的编号，向当地地图管理部门索取所需的地形图。

为了能够准确地查出地形图的编号，必须了解我国国家基本地形图的编号系统，见子学习情境 3 - 1。

（二）掌握简易测量

在野外考察中，随时需要将所观察到的与调查目的有关的内容，比较准确地填绘到地形图上。我们知道，地物的位置和形状都是由点组成的，只要掌握了在地形图上确定点位的方法，就能进行野外填图工作。

在图上确定点位的基本条件是距离、方向和高程，为此，需要进行简易测量工作。

野外填图要使用便携式的简单的测量仪器，用这种仪器进行测量，得到的数据虽然精度不高，但是可以在较短的时间内完成大面积的测量工作；由于地形图上还有其他要素可以制约，因此成果还是能够符合要求的。

1. 距离测量

（1）目测。目测距离是根据物体的大小和能见度情况，用眼睛来判断距离。目测时要注意光线及环境的影响：面向阳光容易估计过远，背向阳光容易估计过近；从山地看平地容易

估计过远，从平地看山地容易估计过近。目测要经常练习，才能提高测量结果的准确性。

（2）步测。当待定点可以到达时，常用这种方法测量距离。人的步幅一般为 0.7～0.8m，为了获得比较准确的步幅，应该在不同条件下，测定自己的步幅，以便根据实际情况选用。测量距离时，只要用步数乘以步幅就可以求出距离。经验证明，在平坦地区步测误差在 2% 以内。

2. 测量方向

在野外测量中常以罗盘仪来测量方向，即以磁北方向作为标准方向，直线的方向可用方位角或象限角表示，罗盘仪构造简单，使用方便，是地理工作者野外考察必备的仪器工具。

注意，使用罗盘仪时应避开有铁器的场所，否则成果将会出现错误。

3. 测量高程

测量高程的方法主要有手持式水准仪和气压高程计两种方法。

4. 测定点位

采用罗盘仪方向交会法是地质填图工作中使用最多的一种确定地面点位的方法；除此之外，还可以采用极坐标法。目前随着 GPS 技术的普及应用，手持 GPS 应用于填图工作也是非常方便的。

二、地形图定向

地形图定向，就是使地形图的方向与实地一致，使图上代表的各种物体的符号与地面上相应的物体方向对应。野外定向经常用罗盘仪，可利用指北针、自然特征和北极星等判定方位。

1. 利用指北针判定方位

实地利用指北针判定方位是定向越野时使用的最基本的方法，如图 4-4-1 所示。判定时，平持指北针，待磁针稳定后，磁针红色一端所指的方向就是实地的磁北方向；面向磁北，左西、右东，背后为南。由于地形图的纵坐标格网线是坐标北方向，因此，进行比较精确的地形图定向时，要考虑磁偏角和子午线收敛角的影响。

2. 利用自然特征判定方位

有些地物、地貌由于受阳光、气候等自然条件的影响，形成了某些特殊的特征，可以利用这些特征来概略地判定方位。

（1）独立大树，通常是南面枝叶茂密，树皮光滑；北面树叶较稀小，树皮比较粗糙，有时还长有青苔。砍伐后树桩上的年轮，北面间隔小，南面间隔大。根据这个自然特征就可以大致判定所处位置的方位。

（2）突出地面的物体，如土堆、土堤、田埂、独立岩石和建筑物等，南面干燥，青草茂密，冬季积雪融化较快；北面潮湿，易生青苔，积雪融化比较缓慢。土坑、沟渠和林中空地则相反。

（3）我国大部分地区，尤其是北方，庙宇、宝塔的正门大多是朝向南方的；广大农村地区的住房朝向一般也是朝南的，根据这些特征，也可以大致地判定方位。

3. 利用北极星判定方位

北极星是位于正北方向的一颗比较明亮的恒星，夜间找到北极星，就可以很容易地找到北方向。北极星位于小熊星座的尾端，因小熊星座比较暗（除北极星），故通常根据大熊星座也就是北凌晨星（人称勺子星）寻找；也可根据仙后星座（即女帝星座，人称 W 星）来寻找。

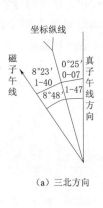

（a）三北方向

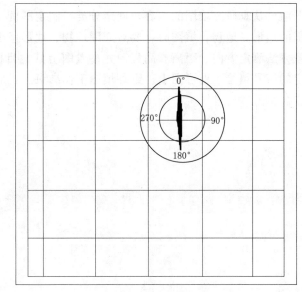

（b）罗盘定向

图 4 - 4 - 1 三北方向与罗盘定向

大熊星座由 7 颗明亮的星组成，开头像一把勺子。将勺端两星的连线向勺子口方向延长，约在两星间隔的 5 倍处，有一颗比大熊星座略暗的星，就是北极星。仙后星座由 5 颗明亮的星组成，开头很像英文字母 W。在 W 字母的缺口方向为缺口宽度 2 倍处的那颗星就是北极星。找到北极星后，面向北极星，正前方就是北方。

三、确定站立点位置

地形图定向后，要在图上找到本人站立的位置才能开始工作定位方法有：

（1）地形地物判断法。利用站立点附近的明显地形、地物和地图上相应的地形地物对照，用目测可以迅速确定站立点在图上的位置。

（2）后方交会法。当站立点附近没有明显的地形、地物时，可采用后方交会法确定站立点在图上的位置。如图 4 - 4 - 2 所示，A、B、C 为 3 个地面目标点，图上的位置分别为 a、b、c。在透明纸上任意确定一点 P，由 P 点用直尺照准地面点 A、B、C，并画出 3 条方向线 PA、PB、PC。将透明纸放在地形图上，转动透明纸，使 a、b、c 各点分别在 PA、PB、PC 方向线上，用针将 P 点刺于地形图上，则该点即为站立点的图上位置。

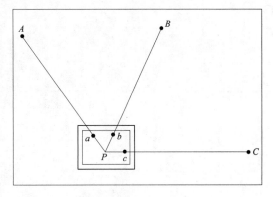

图 4 - 4 - 2 后方交会法

四、野外填图

野外填图的目的是把野外调查的内容填绘到地形图上，作为室内工作和编制某种专题地图的基础资料。

　　填图前要认真研究填图的内容，确定分类，制定图例，选择观测点，使其尽可能地观察到大范围的地形、地物。填图时，要对周围地物、地形仔细观察，确定其分布的分界线，用简易测量方法测定方向、距离和高程，并参考图上其他目标，确定填绘对象在图上的位置，根据规定的符号填绘于地形图上。野外填图工作结束后，应进行室内整理并描绘，完成全部填图工作。

学习情境 5 测量误差分析与数据处理

项目载体

　　北京×××学校地形图测绘数据分析与处理

教学项目设计

　　(1) 项目分析。根据北京×××学校国家级示范院校建设工作的要求，为了提高学校管理的水平，已经测绘了该院综合地形图；根据实际工作的需要，测绘地形图的比例尺为 1∶500。北京×××学校，占地面积 400 余亩，建筑面积约 20 万 m^2，大部分地区的自然地貌已经被建筑物和绿化带所覆盖，植被、建筑物相对比较密集，测区内的图根控制点大多数完好可以利用。地形图的图式采用国家测绘局统一编制的《1∶500、1∶1000、1∶2000 大比例尺地形图图式》。

　　在地形图测绘过程中，获得了大量的外业观测数据，由于测量观测成果中测量误差的存在，使得测量数据之间存在着诸多矛盾，为了消除这些矛盾获得最终的测量成果，并评定其精度，就必须按照要求进行测量数据的分析与处理。

　　(2) 任务分解。根据实际工作的需要，测量误差分析与数据处理工作任务可以分解为衡量精度的指标、中误差传播定律、测量误差分析与数据处理。

　　(3) 各环节功能。衡量精度的指标是进行测量误差分析与数据处理时，进行精度评定的重要环节，是衡量测量成果精度高低的指标和手段；中误差传播定律是分析测量内业计算成果误差的重要手段和基本方法；测量误差分析与数据处理是测量内业工作的核心内容，是测量工作者的重要的专业技能之一。

　　(4) 作业方案。根据实际工作的需要，确定衡量精度的指标，运用中误差传播定律分析解决测量工作中的数据分析问题；运用误差理论对测量过程中获得的高程测量数据、平面控制测量数据进行综合分析与处理，获得合格的测量内业成果并进行精度评定。

　　(5) 教学组织。本学习情景的教学为 14 学时，分为 3 个相对独立又紧密联系的子学习情境。教学过程中以作业组为单位，以各作业组的外业观测成果数据分析与处理工作任务为载体，开展教学活动。首先通过查阅资料和讨论分析等过程，制定出衡量精度的指标；然后运用中误差传播定律对测量资料进行基础分析。最后利用误差理论对各作业组的所有测量资料进行全面的分析、处理和精度评定；要求尽量在规定时间内完成作业任务。个别作业组在规定时间内没有完成的，可以利用业余时间继续完成任务。在整个作业过程中教师除进行教学指导外，还要实时进行考评并做好记录，作为成绩评定的重要依据。

子学习情境 5-1　衡量精度的指标

　　自然界任何客观事物或现象都具有不确定性，同时人们对客观事物的认识也不同，那么测量结果中存在误差总是难免的。例如，对某段距离进行多次重复丈量时，发现每次测量的结果都不相同。如果对某些观测量能够构成某种函数，且此函数对应于某一理论值，则可发现，这些量的观测值之间存在着矛盾，而与函数关系并不完全相符。这类现象在测量工作中是普遍存在的。这种现象之所以产生，是由于观测结果中存在着观测误差。这里主要讨论测量误差的一些基本概念。

一、测量外业观测值

(一) 观测值的分类

这里所说的测量主要是指通过一定的测量仪器来获得某些空间几何或物理数据。通过使用特定的仪器，采用一定的方法对某些量进行量测，称为观测，所获得的数据称为观测量。

1. 等精度观测与不等精度观测

由于任何测量工作都是由观测者使用某种仪器、工具，在一定的外界条件下进行的，所以，观测误差来源于 3 个方面：观测者的视觉鉴别能力和技术水平，仪器、工具的精密程度，观测时外界条件的好坏。通常我们把这 3 个方面合称为观测条件。观测条件将影响观测成果的精度，若观测条件好，则测量误差小，测量的精度就高；反之，测量误差大，精度就低。若观测条件相同，则可认为精度相同，在相同观测条件下进行的一系列观测称为等精度观测；在不同观测条件下进行的一系列观测称为不等精度观测。

2. 直接观测和间接观测

按观测量与未知量的关系可分为直接观测和间接观测，相应的观测值称为直接观测值和间接观测值。为确定某未知量而直接进行的观测，即被观测量就是所求未知量本身，称为直接观测，观测值称为直接观测值。通过被观测量与未知量的函数关系来确定未知量的观测称为间接观测，观测值称为间接观测值。例如，为确定两点间的距离，用钢尺直接丈量属于直接观测，而视距测量则属于间接观测。

3. 独立观测和非独立观测

按各观测值之间相互独立或依存关系可分为独立观测和非独立观测。各观测量之间无任何依存关系，是相互独立的观测，称为独立观测，观测值称为独立观测值。若各观测量之间存在一定的几何或物理条件的约束，则称为非独立观测，观测值称为非独立观测值。例如，对某一单个未知量进行重复观测，各次观测是独立的，各观测值属于独立观测值；观测某平面三角形的三个内角，因三角形内角之和应满足 180°，这个几何条件则属于非独立观测，三个内角的观测值属于非独立观测值。

由于测量的结果中含有误差是不可避免的，因此，研究误差理论的目的就是要对误差的来源、性质及其产生和传播的规律进行研究，以便解决测量工作中遇到的实际数据处理问题。例如，在一系列的观测值中，如何确定观测量的最可靠值；如何评定测量的精度；以及如何确定误差的限度等。所有这些问题，运用测量误差理论均可得到解决。

(二) 观测结果存在观测误差的原因

1. 观测者误差

观测者通过自己的眼睛来进行观测，由于眼睛鉴别力的局限性，在进行仪器的安置、瞄准、读数等工作时，都会产生一定的误差。与此同时，观测者的专业技术水平、工作态度、敬业精神等因素也会对观测结果产生不同的影响。

2. 仪器误差

由于观测时使用的仪器都具有一定的精密度，因此其观测结果在精度方面会受到相应的影响。例如，使用只有厘米刻划的普通钢尺量距，就难以保证估读厘米以下的尾数的准确性。另外，仪器本身也含有一定的误差，如水准仪的视准轴不平行于水准管水准轴、水准尺的分划误差等。显然，使用测量仪器进行测量也会给观测结果带来一定的误差。

3. 客观环境对观测成果的影响

在观测过程中所处的自然环境，如地形、温度、湿度、风力、大气透明度、大气折射等因素都会给观测结果带来种种影响。而且这些客观环境随时都有变化，对观测结果产生的影响也随之变化，因此使观测结果带有误差。

观测者、仪器和客观环境这 3 方面是引起观测误差的主要因素，总称为观测条件。无论观测条件如何，都会含有误差。但是各种因素引起的误差性质是各不相同的，表现在对观测值有不同的影响，影响量的数学规律也是各不相同的。因此，有必要将各种误差影响根据其性质加以分类，以便采取不同的处理方法。

（三）误差性质及分类

1. 系统误差

在相同观测条件下对某一固定量所进行的一系列观测中，数值和符号固定不变，或按一定规律变化的误差，称为系统误差。

例如用一支实际长度比名义长度（Sm）长 ΔSm 的钢卷尺去量测某两点间距离，测量结果为 D'，而其实际长度应该为 $D = \dfrac{\Delta S}{S} D'$。这种误差的大小，与所量直线的长度成正比，而正负号始终一致，属于系统误差。系统误差对观测结果的危害性很大，但由于它有规律性而可以采取有效的措施将它消除或减弱，如可利用尺长方程式对观测结果进行尺长改正。在水准测量中，可以用前后视距相等的办法来减少视准轴与水准管轴不平行而造成的误差。

系统误差具有累积性，而且有些是不能够用几何或物理性质来消除其影响的，所以要尽量采用合适的仪器、合理的观测方法来消除或减弱其影响。

2. 偶然误差

在相同的观测条件下对某一量进行重复观测时，如果单个误差的出现没有一定的规律性，也就是说单个误差的大小和符号都不确定，表现出偶然性，这种误差称为偶然误差，或称为随机误差。在观测过程中，系统误差和偶然误差总是同时产生的。当观测结果中有显著的系统误差时，偶然误差就处于次要地位，观测误差就呈现出"系统"的性质。反之，当观测结果中系统误差处于次要地位时，观测结果就呈现出"偶然"的性质。

由于系统误差在观测结果中具有积累的性质，对观测结果的影响尤为显著，所以在测量工作中总是采取各种办法削弱其影响，使它处于次要地位。研究偶然误差占主导地位的观测数据的科学处理方法，是测量学科的重要课题之一。

在测量工作中，除不可避免的误差之外，还可能发生人为错误。例如，由于观测者的疏忽大意，在观测时读错记错读数引起观测数据错误等。在观测结果中是不允许存在错误的，一旦发现错误，必须及时加以更正。

二、偶然误差的特性

在观测结果中系统误差可以通过查找规律和采取有效的观测措施来消除或削弱其影响，

使它在观测成果误差中处于次要地位，粗差作为错误删除掉，那么测量数据处理的主要的问题就是偶然误差的处理方法了。所以为了提高观测结果的质量，以及如何根据观测结果求出未知量的最大或然值，就必须进一步研究偶然误差的性质。

例如，在相同的观测条件下，独立地观测了 n 个三角形的全部内角。由于观测结果中存在着偶然误差，三角形的三个内角观测值之和不等于三角形内角和的理论值（也称其真值，即 $180°$）。设三角形内角和的真值为 X，三角形内角和的观测值为 L_i，则三角形内角和的真误差（或简称误差，在这里这个误差就是三角形的闭合差）为

$$\Delta_i = L_i - X(i = 1, 2, \cdots, n) \tag{5-1-1}$$

对于每个三角形来说，Δ_i 是每个三角形内角和的真误差，L_i 是每个三角形三个内角观测值之和，X 为 $180°$。

表 5-1-1　　　　　　　　　　　　　实　测　结　果　统　计

误差区间	负　误　差		正　误　差	
(″)	个数	相对个数	个数	相对个数
0.0～0.3	47	0.126	46	0.128
0.3～0.6	41	0.112	41	0.115
0.6～0.9	32	0.092	33	0.092
0.9～1.2	22	0.064	21	0.059
1.2～1.5	17	0.047	16	0.045
1.5～1.8	12	0.036	13	0.036
2.1～2.4	7	0.017	5	0.014
2.4～2.7	4	0.011	2	0.006
2.7 以上	0	0.000	0	0.000
总和	182	0.505	177	0.495

从表 5-1-1 中可以看出：小误差出现的百分比较大误差出现的百分比大；绝对值相等的正负误差出现的百分比基本相等；绝对值最大的误差不超过某一个定值（本例为 $2.7″$）。在其他测量结果中也显示出上述同样的规律。大量工程实践观测成果统计的结果表明，特别是当观测次数较多时，可以总结出偶然误差具有的特性。

（1）在一定的观测条件下，偶然误差有界，即绝对值不会超过一定的限度。

（2）绝对值小的误差比绝对值大的误差出现的机会要大。

（3）绝对值相等的正误差与负误差，其出现的机会基本相等。

（4）当观测次数无限增多时，偶然误差的算术平均值趋近于零。

第四个特性是由第三个特性导出的。从第三个特性可知，在大量的偶然误差中，正误差与负误差出现的可能性相等，因此在求全部误差总和时，正的误差与负的误差就有互相抵消的可能。这个重要的特性对处理偶然误差有很重要的意义。实践表明，对于在相同条件下独立进行的一组观测来说，不论其观测条件如何，也不论是对一个量还是对多个量进行观测，这组观测误差必然具有上述 4 个特性。而且，当观测的个数 n 越大时，这种特性就表现得越明显。

为了充分反映误差分布的情况，我们用直方图来表示上述误差的分布情况。在图 5-1-1 中

以横坐标表示误差的大小，纵坐标表示各区间误差出现的个数除以总个数。这样，每区间上方的长方形面积，就代表误差出现在该区间的相对个数。这种图称为直方图，其特点是能形象地反映出误差的分布情况。

当观测次数很多时，误差出现在各个区间的相对个数（百分比）的变动幅度就越来越小。当 n 足够大时，误差在各个区间出现的相对个数就趋于稳定。这就是说，一定的观测条件，对应着一定的误差分布。可以想象，当观测次数足够多时，如果把误差的区间间隔无限缩小，则图 5-1-1 中各长方形顶边所形成的折线将变成一条光滑曲线，称为误差分布曲线。在概率论中，把这种误差分布称为正态分布。

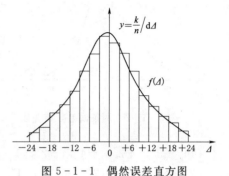

图 5-1-1　偶然误差直方图

三、精度的含义及其衡量指标

分析和确定衡量精度的指标是误差理论的重要内容之一。

（一）精度的含义

由实例可以看出，在一定条件下进行的一组观测，它对应着一种确定不变的误差分布。如果分布比较密集，则表示该组观测质量比较好，也就是说，这一组观测精度较高；反之，如果分布比较离散，则表示该组观测质量比较差，也就是说，这一组观测精度比较低。

因此所谓精度，就是指误差分布的密集程度或离散程度。若两组观测成果的误差分布相同，便是两组观测成果的精度相同，反之，若误差分布不同，则精度也就不同。再看表 5-1-1 中的 359 个三角形闭合差的例子，359 个观测结果是在相同观测条件下得到的，各个结果的真误差并不相同，有的甚至相差很大，但是，由于它们所对应的误差分布相同，因此，这些结果彼此都是等精度的。

（二）衡量精度的指标

评定观测结果的精度高低，是用它的误差大小来衡量的。精度是指一组误差的分布密集或离散的程度，分布密集则表示在该组误差中，绝对值比较小的误差所占的比例比较大，在这种情况下，该组误差绝对值的平均值就一定比较小。由此可见，精度虽然不代表个别误差的大小，但是，它与这一组误差绝对值的平均值有着直接的关系，因此，采用一组误差的平均大小来作为衡量精度的指标是完全合理的。

1. 中误差

前面已经介绍，在一定的观测条件下进行一组观测，它对应着一定的误差分布。一组观测误差所对应的正态分布，反映了该组观测结果的精度。如图 5-1-2 所示为两条误差分布曲线，显然服从第一条曲线的一组误差分布比较密集，精度比较高。

用一组误差的平均大小来作为衡量精度的指标，实用上有几种不同的定义，其中常用的一种就是取这组误差的平方和平均值的平方根来作为评定这一组观测值的精度指标。即

$$m = \pm \sqrt{\frac{[\Delta_i \Delta_i]}{n}} \qquad (5-1-2)$$

式中：m 为中误差；方括号表示总和；Δ_i（$i=1,2,\cdots,n$）为一组同精度真误差。

必须注意，在相同的观测条件下进行的一组观测，得出的每一个观测值都称为同精度观

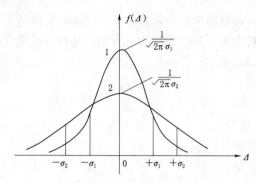

图 5-1-2 两条误差分布曲线

测值，即对应着同样分布的一组观测都是同精度的观测，也可以说是同精度观测值具有相同的中误差。

在应用式（5-1-2）求一组同精度观测值的中误差 m 时，Δ_i 可以是同一个量的同精度观测值的真误差，也可以是不同量的同精度观测值的真误差。

例如，设对某个三角形用两种不同的精度分别对它进行 10 次观测，每次观测所得的三角形内角和的真误差为：

（1）$+3''$，$-2''$，$-4''$，$+2''$，$0''$，$-4''$，$+3''$，$+2''$，$-3''$，$-1''$。

（2）$0''$，$-1''$，$-7''$，$+2''$，$+1''$，$+1''$，$-8''$，$0''$，$+3''$，$-1''$。

这两组观测值中误差（用三角形内角和的真误差而得的中误差，也称为三角形内角和的中误差）为

$$m_1 = \sqrt{\frac{3^2+(-2)^2+(-4)^2+2^2+0^2+(-4)^2+3^2+2^2+(-3)^2+(-1)^2}{10}} = \pm 2.7''$$

$$m_2 = \sqrt{\frac{0^2+(-1)^2+(-7)^2+2^2+1^2+1^2+(-8)^2+0^2+3^2+(-1)^2}{10}} = \pm 3.6''$$

比较 m_1 和 m_2 的值可知，第一组的观测精度较第二组观测精度高。

显然，对多个三角形进行同精度观测（即相同的观测条件），求得每个三角形内角和的真误差，也可按此办法求得观测值（三角形内角和）的中误差。

2. 相对中误差

有时中误差不能很好地体现观测结果的精度。例如，观测 5000m 和 1000m 的两段距离的中误差都是 ± 0.5m。从总的距离来看，精度是相同的，但这两段距离单位长度的精度实际上是不相同的。为了更好地体现类似的测量成果在精度上的差异，在测量中经常采用相对中误差来表示观测结果的精度。

所谓相对中误差就是利用中误差与观测值的比值，即 $\dfrac{m_i}{L_i}$ 来评定精度，通常称此比值为相对中误差。相对中误差要求写成分子为 1 的分式，即 $\dfrac{1}{K}$。此例为

$$\frac{m_1}{L_1} = \frac{0.5}{5000} = \frac{1}{10000}, \frac{m_1}{L_1} = \frac{0.5}{1000} = \frac{1}{2000}$$

可见，前者的精度比后者高，即 $\dfrac{m_1}{L_1} < \dfrac{m_2}{L_2}$。

有时，求得真误差和容许误差后，也用相对误差来表示。在本书中学习过的导线测量中，假设起算数据没有误差时，求出的导线全长相对闭合差也就是相对真误差；而规范中规定全长相对闭合差不能超过 1/2000 或 1/15000，它就是相对容许误差。

与相对误差相对应，真误差、中误差、容许误差、平均误差都称为绝对误差。

3. 容许误差（极限误差）

由偶然误差的第一个特性可知，在一定的观测条件下，偶然误差的绝对值不会超过一定

的限值。这个限值就称为容许误差。

通过分析知道，绝对值大于 1 倍、2 倍、3 倍中误差的偶然误差的概率分别为 31.7%、4.6%、0.3%；即大于 2 倍中误差的偶然误差出现的概率很小，大于 3 倍中误差的偶然误差出现的概率近乎于零，属于小概率事件。由于实际测量工作中观测次数是很有限的，绝对值大于 3 倍中误差的偶然误差出现的次数会很少，所以通常取 2 倍或 3 倍中误差作为偶然误差的极限误差。

在实际测量工作中，以 3 倍中误差作为偶然误差的容许值

$$|\Delta_{容}|=3|m| \qquad (5-1-3)$$

在精度要求较高时，以 2 倍中误差作为偶然误差的容许值，即

$$|\Delta_{容}|=2|m| \qquad (5-1-4)$$

需要说明的是在测量上将小概率的偶然误差（即大于 2 倍或 3 倍中误差的偶然误差）作为粗差，即错误来看待。

子学习情境 5-2　中误差传播定律

根据衡量精度的指标可以对同精度观测值的真误差来评定观测值精度。但是，在实际工作中有许多未知量不能直接观测得到，需要由观测值间接计算出来。例如，某未知点 B 的高程 HB，是由起始点 A 的高程 HA 加上从 A 点到 B 点间进行了若干站水准测量而得来的观测高差 h_1、h_2、$\cdots$、h_n 求和得出的。这时未知点 B 的高程 HB 是各独立观测值（各观测高差 h_1、h_2、$\cdots$、h_n）的函数。那么如何根据观测值的中误差去求观测值函数的中误差呢？

由于直接观测值有误差，故它的函数也必然有误差。研究观测值函数的精度评定问题，实质上就是研究观测值函数的中误差与观测值中误差的关系问题。这种关系又称误差传播定律。

一、倍数函数的中误差

设有函数

$$Z=KX \qquad (5-2-1)$$

式中：X 为观测值；K 为常数（无误差）。

用 Δ_X 与 Δ_Z 分别表示 X 和 Z 的真误差，则

$$Z+\Delta_Z=K(X+\Delta_X) \qquad (5-2-2)$$

式（5-2-2）减式（5-2-1）得

$$\Delta_Z=K\Delta_X$$

这就是函数真误差与观测值真误差的关系式。

设对 X 进行了 n 次观测，则有

$$\left.\begin{array}{l} \Delta_{Z_1}=K\Delta_{X_1} \\ \Delta_{Z_2}=K\Delta_{X_2} \\ \qquad \vdots \\ \Delta_{Z_n}=K\Delta_{X_n} \end{array}\right\} \qquad (5-2-3)$$

将式（5-2-3）平方，并求其总和，得

$$\Delta_{Z_1}^2 = K^2 \Delta_{X_1}^2$$
$$\Delta_{Z_2}^2 = K^2 \Delta_{X_2}^2$$
$$\vdots$$
$$\Delta_{Z_n}^2 = K^2 \Delta_{X_n}^2$$
$$[\Delta_Z^2] = K^2 [\Delta_X^2]$$

两边同除以 n，得
$$\frac{[\Delta_Z^2]}{n} = K^2 \frac{[\Delta_X^2]}{n} \qquad (5-2-4)$$

按中误差定义，式（5-2-4）可表示为 $m_Z^2 = K^2 m_X^2$

或 $\quad m_Z = K m_X \qquad\qquad (5-2-5)$

可见，倍数函数的中误差等于倍数（常数）与观测值中误差的乘积。

【例5-2-1】　用比例尺在 1:1000 的图上量得长度 $L=168$mm，并已知其中误差 $m_i = \pm 0.2$mm，求相应地面上的水平距离 S 及中误差 m_S。

【解】　相应地面上的水平距离为
$$S = 1000L = 168\text{m}$$

中误差
$$m_S = 1000 m_i = \pm 0.2\text{m}$$

最后写成
$$S = (168 \pm 0.2)\text{m}$$

二、和、差函数的中误差

设有函数 $Z=X+Y$ 和 $Z=Z-Y$，为简单起见，合并写成
$$Z = X \pm Y \qquad\qquad (5-2-6)$$

式中，X、Y 为独立观测值，所谓"独立"，是指观测值之间相互无影响，即任何一个观测值产生的误差，都不影响其他观测值误差的大小。一般来说，直接观测的值就是独立观测值。

令函数 Z 及 X、Y 的真误差分别为 Δ_Z、Δ_X、Δ_Y。显然
$$Z + \Delta_Z = (X \pm \Delta_X) \pm (Y + \Delta_Y) \qquad (5-2-7)$$

将式（5-2-7）减去式（5-2-6），得
$$\Delta_Z = \Delta_X \pm \Delta_Y$$

观测 n 次，则有
$$\left. \begin{array}{l} \Delta_{Z_1} = \Delta_{X_1} + \Delta_{Y_1} \\ \Delta_{Z_2} = \Delta_{X_2} + \Delta_{Y_2} \\ \qquad \vdots \\ \Delta_{Z_n} = \Delta_{X_n} + \Delta_{Y_n} \end{array} \right\} \qquad (5-2-8)$$

将式（5-2-8）两边平方并求和，得
$$[\Delta_Z^2] = [\Delta_X^2] + [\Delta_Y^2] \pm 2[\Delta_X \Delta_Y]$$

两边同除以 n，得
$$\frac{[\Delta_Z^2]}{n} = \frac{[\Delta_X^2]}{n} + \frac{[\Delta_Y^2]}{n} \pm \frac{[\Delta_X \Delta_Y]}{n} \qquad (5-2-9)$$

式中：Δ_X 与 Δ_Y 均为偶然误差，其正、负误差出现机会相等。

因为 X、Y 两者独立，故 X 的误差 Δ_X 为正为负，与 Y 的误差 Δ_Y 之为正为负无关（这种误差关系又称误差独立）；Δ_X 为负时，Δ_Y 也可能为正或为负。这样，Δ_X 与 Δ_Y 随机组合的结果，其乘积 $\Delta_X\Delta_Y$ 也有正有负，根据偶然误差第四特性，则

$$\lim_{n\to\infty}\frac{[\Delta_X\Delta_Y]}{n}=0$$

故式（5－2－4）可写成

$$\frac{[\Delta_Z^2]}{n}=\frac{[\Delta_X^2]}{n}+\frac{[\Delta_Y^2]}{n}$$

根据中误差定义，即得

$$m_Z^2=m_X^2+m_Y^2$$

或
$$\left.\begin{aligned} m_Z^2&=m_X^2+m_Y^2\\ m_Z&=\pm\sqrt{m_X^2+m_Y^2} \end{aligned}\right\} \tag{5－2－10}$$

式中：m_Z、m_X、m_Y 分别为函数 Z 和观测值 X、Y 的中误差。

不难证明，当函数 Z 为

$$Z=X_1\pm X_2\pm\cdots\pm X_n$$

函数 Z 的中误差

$$m_Z^2=m_{X_1}^2+m_{X_2}^2+\cdots+m_{X_n}^2$$

或
$$m_Z=\pm\sqrt{m_{X_1}^2+m_{X_2}^2+\cdots+m_{X_n}^2} \tag{5－2－11}$$

可见，n 个观测值代数和的中误差的平方等于 n 个观测值中误差的平方和。

当 n 个独立观测值中，各个观测值的中误差均等于 m 时，则

$$m_Z^2=nm^2$$

或

$$m_Z=\sqrt{n}\,m$$

即 n 个同精度观测值代数和的中误差，等于观测值中误差 $\sqrt{n}$ 倍。

【例 5－2－2】 在 $\triangle ABC$ 中，直接观测 $\angle A$ 和 $\angle B$，其中误差分别为 $\pm6''$ 和 $\pm15''$，求三角形另一个角的中误差。

【解】 因为

$$\angle C=180°-\angle A-\angle B$$

$180°$ 为常数，无误差，根据式（5－2－10）得，$m_C^2=m_A^2+m_B^2$，则有

$$m_C=\pm\sqrt{m_A^2+m_B^2}=\pm\sqrt{6^2+15^2}=\pm16''$$

【例 5－2－3】 水准测量计算公式 $h=a-b$，高差 h 是水准尺读数 a、b 的函数，若 a、b 的中误差分别为 m_a、m_b，求 h 的中误差 m_h。

$$m_h=\pm\sqrt{m_a^2+m_b^2}$$

【解】

由于 a、b 读数中误差相等，则根据式（5－2－10）得：$m_a=m_b=m$，则

$$m_h=\pm\sqrt{2}\,m$$

若 $m=\pm1mm$，则

$$m_h = \pm 1 \times \sqrt{2} = \pm 1.4 (\text{mm})$$

三、线性函数的中误差

设有函数

$$Z = K_1 X_1 \pm K_2 X_2 \pm \cdots \pm K_n X_n \qquad (5-2-12)$$

式中：K_1、K_2、$\cdots$、K_n 为常数；X_1、$X_2 \cdots$、X_n 均为独立观测值，它们的中误差分别为 m_1、m_2、$\cdots$、m_n。

函数 Z 与各观测值 X_1、X_2、$\cdots$、X_n 的真误差关系式为

$$\Delta_Z = K_1 \Delta_{X_1} \pm K_2 \Delta_{X_2} \pm \cdots \pm K_n \Delta_{X_n}$$

根据式（5-2-5）和式（5-2-11），得

$$m_Z^2 = K_1^2 m_1^2 + K_2^2 m_2^2 + \cdots + K_n^2 m_n^2 \qquad (5-2-13)$$

可见常数与独立观测值乘积代数和的中误差平方，等于各常数与相应的独立观测值中误差乘积的平方和。

【例 5-2-4】 对某一直线作等精度观测。往测距离为 L_1，返测距离为 L_2，其中误差均为 m。求该直线的最后结果及其中误差。

$$L = \frac{L_1 + L_2}{2}$$

【解】

设 L 的中误差为 m_L，依式（5-2-10）有

$$m_L^2 = \frac{1}{4} m^2 + \frac{1}{4} m^2 = \frac{1}{2} m^2$$

即

$$m_L = \frac{m}{\sqrt{2}}$$

四、一般函数的中误差

设有一般函数

$$Z = f(X_1, X_2, \cdots, X_n) \qquad (5-2-14)$$

式中：X_1、X_2、$\cdots$、X_n 为具有中误差 m_{X_1}、m_{X_2}、$\cdots$、m_{X_n} 的独立观测值。

各观测值的真误差分别为 Δ_{X_1}、Δ_{X_2}、$\cdots$、Δ_{X_n}，其函数 Z 也将产生真误差 Δ_Z。现对式（5-2-14）取全微分，得

$$dz = \frac{\partial f}{\partial X_1} dX_1 + \frac{\partial f}{\partial X_2} dX_2 + \cdots + \frac{\partial f}{\partial X_n} dX_n \qquad (5-2-15)$$

一般说来，测量中的真误差很小，故可用真误差代替式（5-2-15）中的微分，即得

$$\Delta = \frac{\partial f}{\partial X_1} \Delta_1 + \frac{\partial f}{\partial X_2} \Delta_2 + \cdots + \frac{\partial f}{\partial X_n} \Delta_n \qquad (5-2-16)$$

式中 $\frac{\partial f}{\partial X_1}$、$\frac{\partial f}{\partial X_2}$、$\cdots$、$\frac{\partial f}{\partial X_n}$ 为函数对各个变量所取得的偏导数，将其中的变量以观测值代入，所算出的值即相当于线性函数式（5-2-12）中的常数 K_1、K_2、$\cdots$、K_n，而式（5-2-16）就相当于线性函数式（5-2-12）真误差的关系式。按线性函数中误差与真误差的关系式，可直接写出函数中误差的关系式，即

$$m_Z^2 = \left(\frac{\partial f}{\partial X_1}\right)^2 m_{X_1}^2 + \left(\frac{\partial f}{\partial X_2}\right)^2 m_{X_2}^2 + \cdots + \left(\frac{\partial f}{\partial X_n}\right)^2 m_{X_n}^2$$

或 $$m_Z = \sqrt{\left(\frac{\partial f}{\partial X_1}\right)^2 m_{X_1}^2 + \left(\frac{\partial f}{\partial X_2}\right)^2 m_{X_2}^2 + \cdots + \left(\frac{\partial f}{\partial X_n}\right)^2 m_{X_n}^2} \qquad (5-2-17)$$

可见，一般函数中误差的平方，等于该函数对每个独立观测值所求的偏导数与相应的独立观测值中误差乘积的平方和。

【例 5-2-5】 设沿倾斜地面丈量 A、B 两点，得倾斜距离 $L=29.992\mathrm{m}$，测得 A、B 两点间高差 $h=2.05\mathrm{m}$，若测量 L、h 的中误差分别为 $\pm0.003\mathrm{m}$ 和 $\pm0.05\mathrm{m}$，求水平距离 S 及其中误差 m_S。

【解】 水平距离为

$$S = \sqrt{L^2 - h^2} = \sqrt{29.992^2 - 2.05^2} = 29.922$$

根据式（5-2-17），有

$$m_S^2 = \left(\frac{\partial S}{\partial L}\right)^2 m_L^2 + \left(\frac{\partial S}{\partial h}\right)^2 m_h^2$$

式中

$$\frac{\partial S}{\partial L} = \frac{1}{2} \cdot \frac{1}{\sqrt{L^2-h^2}} \cdot 2L = \frac{L}{\sqrt{L^2-h^2}} = \frac{L}{S}$$

$$\frac{\partial S}{\partial h} = \frac{1}{2} \cdot \frac{1}{\sqrt{L^2-h^2}} \cdot (-2h) = -\frac{h}{\sqrt{L^2-h^2}} = -\frac{h}{S}$$

将 L、H 和 S 值代入，得

$$\frac{\partial S}{\partial h} = -\frac{2.05}{29.922} = -0.0685$$

$$\frac{\partial S}{\partial L} = \frac{29.992}{29.922} = 1.0023$$

$$m_S^2 = 1.0023^2 \times 0.003^2 + 0.0685^2 \times 0.05^2$$

则

$$m_S = \pm\sqrt{(1.0023 \times 0.003)^2 + (0.0685 \times 0.05)^2} = \pm 0.005(\mathrm{m})$$

最后写成 $$S = 29.922\mathrm{m} \pm 0.005\mathrm{m}$$

式（5-2-17）表达了一般函数的误差传播定律，它概括了前述倍数函数、和差函数和线性函数三种函数中误差公式。因为对于和、差函数而言，$\frac{\partial f}{\partial X_i} = 1$（$i=1$、$2$、$\cdots$、$n$），此时式（5-2-17）就写成式（5-2-11）。对于倍数函数、线型函数，$\frac{\partial f}{\partial X_i} = K_i$（$i=1$、$2$、$\cdots$、$n$），此时式（5-2-17）就可写成式（5-2-5）或式（5-2-13）。

必须着重指出，应用误差传播定律时，函数中作为自变量的各观测值，必须是独立观测值，即各自变量之间不存在依赖关系，否则将导致错误，下面举例说明。

【例 5-2-6】 水平视线视距测量时，只观测了一个尺间隔 l 值。

【解】 依其视距计算公式，则有 $S = 100l$

如同［例 5-2-1］那样，S 的中误差 m_S 与 l 的中误差 m_l 的关系为

$$m_S = 100m_l$$

这样，计算 m_S 的方法无疑是正确的。

若将公式 $S=Kl$ 写成

$$S = l + l + \cdots \quad （加至 K 个 l）$$

依式（5-2-11），有

$$m_S = \sqrt{K} \cdot m_l$$

这样的计算是错误的。因为若写成 $S=l_1+l_2+\cdots+l_k$（加至 K 个 l），各 l 值必须是直接观测的独立观测值，而实际上 l 只是一个独立的观测值，因此导致了错误。

五、若干独立误差综合影响的中误差

一个观测值的中误差，往往受许多独立误差的综合影响。例如，经纬仪观测一个方向时，就受目标偏心、仪器偏心（仪器未真正对中）、照准、读数等误差的综合影响。这些独立误差都属于偶然误差。可以认为各独立真误差 Δ_1、Δ_2、$\cdots$、Δ_n 的代数和就是综合影响的真误差 Δ_F，即

$$\Delta_F = \Delta_1 + \Delta_2 + \cdots + \Delta_n$$

这相当于和、差函数真误差的关系式，故可得

$$m_F^2 = m_1^2 + m_2^2 + \cdots + m_n^2 \tag{5-2-18}$$

即观测值受各独立误差综合影响所产生的中误差的平方等于各独立误差的中误差的平方和。

【例5-2-7】 已知使用某一经纬仪观测一个方向的读数中误差为 $\pm10''$，照准中误差为 $\pm3''$，对中中误差为 $\pm5''$，目标偏心中误差为 $\pm15''$，求这些独立中误差对观测一个方向的综合影响 m_F。

【解】 依式（5-2-18），得

$$m_F = \pm\sqrt{10^2 + 3^2 + 5^2 + 15^2} = \pm19''$$

子学习情境 5-3　测量误差分析与处理

一、算术平均值及其中误差

（一）算术平均值原理

设对某未知量进行 n 次等精度观测，得到 n 个观测值 l_1、l_2、$\cdots$、l_n，这些观测值的算术平均值（又称中数）是未知量的最或然值。即

$$x = \frac{l_1 + l_2 + \cdots + l_n}{n} = \frac{[l]}{n} \tag{5-3-1}$$

若该量的真值为 L，各观测值 l_i 的真误差为 Δ_i，即有

$$\Delta_1 = l_1 - L$$
$$\Delta_2 = l_2 - L$$
$$\vdots$$
$$\Delta_n = l_n - L$$

以上各等式两边分别求和并除以 n，得　$\dfrac{[\Delta]}{n} = \dfrac{[l]}{n} - L$

则有
$$L = x - \frac{[\Delta]}{n}$$

根据误差第四特性，
$$\lim_{n \to \infty} \frac{[\Delta]}{n} = 0$$

则
$$\lim_{n \to \infty} x = L$$

即当观测次数无限增多时，同一量等精度观测的算术平均值，无限接近于该量的真值。

在实际测量工作中，观测次数不可能无限增多，于是当 n 为有限量时，其观测值的算术平均值可认为是最接近真值的可靠值，称为最或然值。

（二）算术平均值的中误差

将式（5-3-1）写成
$$x = \frac{1}{n} l_1 + \frac{1}{n} l_2 + \cdots + \frac{1}{n} l_n$$

式中，$\frac{1}{n}$ 为常数，故上式相当于线性函数，又因各观测值为等精度的，设其中误差均为 m，按一般函数的中误差传播定律，可得算术平均值的中误差 M 为
$$M^2 = \frac{1}{n^2} m^2 + \frac{1}{n^2} m^2 + \cdots + \frac{1}{n^2} m^2 = n \frac{m^2}{n^2} = \frac{m^2}{n}$$

则
$$M = \frac{m}{\sqrt{n}} \qquad\qquad (5-3-2)$$

可见，算术平均值的中误差是观测值中误差 m 的 $\frac{1}{\sqrt{n}}$ 倍，由此表明，增加观测次数，就能提高算术平均值的精度。

但是在实际工作中，决不能单纯依靠增加观测次数来提高精度。因为 M 的缩小是与 n 的平方根成比例，当 n 增加到一定程度后，M 的缩小量相当小。设 $m = \pm 1$，由式（5-3-2）可列出表 5-3-1。

表 5-3-1　　　　　　　算术平均值中误差与观测次数的关系

n	1	2	3	4	5	6	8	10	12	20	30	50	100
M	±1.00	±0.71	±0.58	±0.50	±0.45	±0.41	±0.35	±0.32	±0.29	±0.22	±0.18	±0.14	±0.10

从表 5-3-1 所列数值可看出，当次数 n 由 1 增至 4 时，M 减小 50%；而 n 从 50 增加至 100 时，M 仅减小了 4%。因此，用多次观测同一量来提高精度的方法，只有在观测次数适当多时，才是有效的。如果还要提高算术平均值的精度，就应该减小观测值中误差 m，即需改进测量仪器工具，提高测量人员技术水平，掌握有利观测时机等。

二、根据改正数确定观测值中误差

等精度观测值的中误差公式为　　　$m = \pm \sqrt{\dfrac{[\Delta\Delta]}{n}}$

式中，真误差 Δ 在一般情况下是难以知道的。在实际工作中，通常是根据改正数来进行观测值的精度评定的。

设对真值为 X 的某一量进行了 n 次同精度的观测，观测值为 l_1、l_2、$\cdots$、l_n，相应的

真误差为 Δ_1、Δ_2、$\cdots$、Δ_n，按式（5-1-1）有

$$\left.\begin{array}{c} \Delta_1 = l_2 - X \\ \Delta_2 = l_3 - X \\ \vdots \\ \Delta_n = l_n - X \end{array}\right\} \tag{5-3-3}$$

若将每个观测值加上一改正数，使之等于最或然值，即改正数为算术平均值与观测值之差，于是有

$$\left.\begin{array}{c} V_1 = x - l_1 \\ V_2 = x - l_2 \\ \vdots \\ V_n = x - l_n \end{array}\right\} \tag{5-3-4}$$

将式（5-3-3）与式（5-3-4）相加，得

$$\left.\begin{array}{c} \Delta_1 = (x-X) - V_1 \\ \Delta_2 = (x-X) - V_2 \\ \vdots \\ \Delta_n = (x-X) - V_n \end{array}\right\} \tag{5-3-5}$$

将式（5-3-5）中各项分别自乘相加，得

$$[\Delta\Delta] = n(x-X)^2 + [VV] - 2(x-X)[V] \tag{5-3-6}$$

若将式（5-3-4）中各式相加，有

$$[V] = nx - [l]$$

根据算术平均值定义 $x = \dfrac{[l]}{n}$，式（5-3-6）可写成

$$[V] = n\frac{[l]}{n} - [l] = 0$$

注意：$[V]=0$，是算术平均值所特有的性质，可用于算术平均值计算的检验。这样式（5-3-6）可写成

$$[\Delta\Delta] = [VV] + n(x-X)^2$$

两边除以 n，得

$$\frac{[\Delta\Delta]}{n} = \frac{[VV]}{n} + (x-X)^2 \tag{5-3-7}$$

式中，$(x-X)$ 为算术平均值的真误差，也无法求得，通常近似地用算术平均值的中误差 $M = \dfrac{m}{\sqrt{n}}$ 来代替。顾及中误差定义，式（5-3-7）可写成

$$m^2 = \frac{[VV]}{n} + \frac{m^2}{n}$$

移项

$$m^2 - \frac{m^2}{n} = \frac{[VV]}{n}$$

即

$$\frac{nm^2 - m^2}{n} = \frac{[VV]}{n}$$

两端同乘以 n，得

$$m^2(n-1)=[VV]$$

则

$$m^2=\frac{[VV]}{n-1}$$

故

$$m=\pm\sqrt{\frac{[VV]}{n-1}} \tag{5-3-8}$$

这就是以改正数求观测值中误差的公式，称白塞尔公式。

将式（5-3-8）代入式（5-3-2）中，则得出用改正数求取算术平均值中误差的公式，即

$$m=\pm\sqrt{\frac{[VV]}{n(n-1)}} \tag{5-3-9}$$

【例 5-3-1】　设用经纬仪观测某角 6 个测回，观测值列入表 5-3-2 中，求观测值中误差 m 及算术平均值的中误差 M。

【解】　全部计算见表 5-3-2。

表 5-3-2　　　　　　　　　　　观测值和算术平均值中误差计算

次　　序	观测值/(° ′ ″)	V/″	VV
1	41 24 30	−4	16
2	41 24 26	0	0
3	41 24 28	−2	4
4	41 24 24	+2	4
5	41 24 25	+1	1
6	41 24 23	+3	9
	$x=41\ 24\ 26$	$[V]=0$	$[VV]=34$

观测值的中误差为　　　$m=\pm\sqrt{\dfrac{[VV]}{n-1}}=\pm\sqrt{\dfrac{34}{6-1}}=\pm2.6''$

平均值的中误差为　　　$m=\pm\sqrt{\dfrac{[VV]}{n(n-1)}}=\pm1.1''$

学习情境 6 水工建筑物的施工放样

项目载体

浙江某抽水蓄能电站建设项目

教学项目设计

(1) 项目分析。抽水蓄能电站主要包括上水库、下水库、输水系统、厂房和其他专用建筑物等。水工建筑物的施工放样是抽水蓄能电站建设中的重要内容，涉及洞室工程、公路工程、大坝工程等。电站依山而建，河谷落差较大，区域范围内没有发生过 6 级以上的地震，进场区内历史地震和现代地震活动较弱。工程场址地震地质灾害可能性小，水库蓄水后诱发地震的可能性小。工程区覆盖层浅薄，分部范围小。其中细粒土以残坡积粉质黏土为主，局部为黏土，含少量砾石。

(2) 任务分解。根据实际工作的需要，选取典型工作任务，将任务分为重力坝、拱坝、水闸、隧洞施工放样四部分。

(3) 各环节功能。选取四种典型水工建筑物的施工放样任务，使学生具有水工建筑物施工放样的初步能力，且具有灵活运用角度交会法、极坐标法等各种施工测量方法的能力。

(4) 作业方案。受实际教学环境影响，可采用虚拟仿真实训软件进行任务的模拟训练。

(5) 教学组织。本学习情景的教学分为 4 个相对独立又紧密联系的子学习情境。教学过程中以作业组为单位，利用虚拟仿真软件完成水工建筑物的施工放样任务。要求尽量在规定时间内完成作业任务。个别作业组在规定时间内没有完成的，可以利用业余时间继续完成任务。在整个作业过程中教师除进行教学指导外，还要实时进行考评并做好记录，作为成绩评定的重要依据。

子学习情境 6-1 重 力 坝 的 放 样

一、重力坝放样的主要内容

如图 6-1-1 是混凝土重力坝示意图。它的施工放样工作主要包括坝轴线的测设、坝体控制测量、清基开挖线的放样和坝体立模放样等内容。

二、坝轴线的测设

坝轴线即坝顶中心线。混凝土重力坝的轴线是坝体与其他附属建筑物放样的依据，它的位置正确与否直接影响建筑物各部分的位置。一般先由设计图纸量得轴线两端点的坐标值，使用全站仪极坐标法测设其地面位置。通常情况下，小型混凝土重力坝的坝轴线由工程设计和有关人员，根据当地的地形、地质和建筑材料等条件，经过多方比较，直接在现场选定。而大中型混凝土重力坝则需经过严格的现场勘测与规划、多方调查研究和方案比较才能进行坝轴线的测设。坝轴线的两端点在现场标定后，应用永久性标志标明。为了防止施工时端点被破坏，应将坝轴线的端点延长到两面山坡上设立轴线控制桩，以便检查。

三、坝体控制测量

由于混凝土坝结构和施工材料相对复杂，故施工放样精度要求相对较高。一般浇筑混凝土坝时，整个坝体沿轴线方向划分成许多坝段，而每一坝段在横向上又分成若干个坝块，实施分层浇筑，每浇筑一层一块就需要放样一次，因此要建

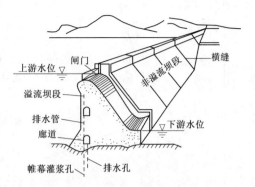

图 6-1-1 混凝土重力坝示意图

立坝体施工控制网，作为坝体放样的定线网。坝体施工控制网包括矩形网和三角网两种，且每一种控制网型具有不同的测设工序与方式，精度要求点位误差上下浮动不超过 10mm。

1. 矩形网

矩形网由若干条平行和垂直于坝轴线的控制线组成，格网尺寸按施工分段分块的大小而定。如图 6-1-2 所示，施测时，将全站仪安置在坝轴线两端，在坝轴线上选两点，用测设 90° 的方法作通过这两点垂直于坝轴线的横向基准线，由这两点开始，沿垂线向上、下游丈量出各点，并按轴距（至坝轴线的平距）进行编号，将两条垂线上编号相同的点连线并延伸到开挖区外，在两侧山坡上设置放样控制点。然后在坝轴线方向上，利用高程放样的方法，找出坝顶与地面相交的两点，再沿坝轴线按分块的长度钉出坝基点，通过这些点测设与坝轴线相垂直的方向线，并将方向线延长到上、下游围堰上或两侧山坡上，设置放样控制点。由上述两种线构成矩形网。

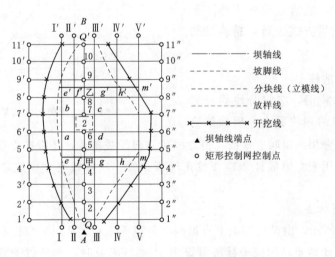

图 6-1-2 混凝土重力坝的坝体控制

2. 三角网

由基本网的一边加密建立的定线网，各控制点的坐标可以测算求得。一般采用施工坐标系放样比较方便，因此应根据设计图纸求算得施工坐标系原点的测量坐标和坐标轴的坐标方位角，将控制点的测量坐标换算为施工坐标。如图 6-1-3 所示，换算方法如下：

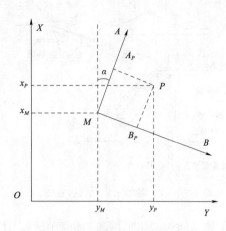

图 6-1-3 施工坐标系与测量
坐标系的关系

$$A_P = (x_P - x_M)\cos\alpha + (y_P - y_M)\sin\alpha$$
$$(6-1-1)$$

$$B_P = (x_P - x_M)\sin\alpha + (y_P - y_M)\cos\alpha \quad (6-1-2)$$

式中：x_P、y_P 为 P 点在测量坐标系中的坐标；A_P、B_P 为 P 点在施工坐标系中的坐标；α 为施工坐标系相对测图坐标系的方位角。

四、清基开挖线的放样

清基，即清除坝基自然表面的松散土壤、树根等杂物。清基放样工作的主要目的是保证坝体与岩基衔接牢固，为此，应在坝体与原地面接触处放出清基开挖线，以确定施工范围。由于清基开挖线的放样精度要求并不高，所以可以采用图解法计算得到施工放样的数据。如图 6-1-4 所示，首先，测定坝轴线上各里程桩的高程，绘出纵断面图，求出各里程桩的中心填土高度；其次，在每一里程桩处进行横断面测量，并绘制出横断面图；最后，根据里程桩的高程、中心填土高度与坝面坡度，在横断面图基础上绘制大坝的设计断面。

由于清基具有一定深度，开挖时需要一定的边坡，所以实际清基开挖线应向外适当放宽 1~2m，撒上白灰标明。另外，清基过程中位于坝轴线上的里程桩将被毁掉。为了接下来施工放样工作的需要，应在清基开挖线外设置各里程桩的横断面桩，避免其被毁掉。当前，随着科学技术水平的提高大大增强了测量手段技术性，故清基放样工作主要采用全站仪坐标法等方式进行，精确性得到了显著提高。

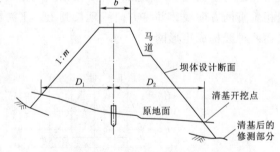

图 6-1-4 图解法求清基放样数据

五、坝体立模放样

在坝体分块立模时，应将分块线投影到基础面或已浇好的坝块面上，模板架立在分块线上，因此分块线也叫立模线，但立模后立模线被覆盖，还要在立模线内侧弹出平行线，称为放样线，用来立模放样和检查校正模板位置。放样线与立模线之间的距离一般为 0.2~0.5m。

1. 全站仪极坐标法

如图 6-1-5 所示，由设计图纸上查得四个角点 M、Q、P、N 坐标和控制点 A、B 的坐标，先根据 A、B 两点，用极坐标法测设出 P 点。测设时，全站仪安置在控制点 A 上，输入测站 A 点坐标和后视 B 坐标，再输入 P 点坐标，仪器即自动计算出测设角度和距离，根据计算的测设数据测设 P 点位置。

放样数据计算方法，由坐标反算公式得

$$\alpha_{AB} = \arctan\frac{y_B - y_A}{x_B - x_A} \quad (6-1-3)$$

$$\alpha_{AP} = \arctan \frac{y_P - y_A}{x_P - x_A} \qquad (6-1-4)$$

$$S_{AP} = \sqrt{(x_P - x_A)^2 + (y_P - y_A)^2} \qquad (6-1-5)$$

使用全站仪依次放出 M、Q、N 各角点。应用分块边长和对角线校核点位，无误后在立模线内侧标定放样线的四个角点。

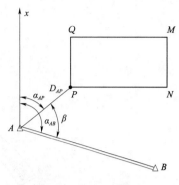

图 6-1-5 极坐标法

2. 方向线交会法

对于直线型水坝，用方向线交会法放样较为简便。如图 6-1-2 所示，已按分块要求布设了矩形坝体控制网，可用方向线交会法，先测设立模线。如要测设分块 2 的角点 d 的位置，可在 $6'$ 和 III 点分别安置全站仪，分别照准 $6''$ 点和 III' 点，固定照准部，两方向线的交点即为 d 的位置，其他角点 a、b、c 同样按上述方法确定，得出分块 2 的立模线。利用分块的边长及对角线校核标定的点位，无误后在立模线内侧标定放样线的四个角点。

子学习情境 6-2 拱坝的放样

一、拱坝放样的主要内容

拱坝有单曲拱坝和双曲拱坝两种类型。单曲拱坝和双曲拱坝一般都是混凝土坝，放样时需要计算出每一块坝体角点的施工坐标，而后计算交会所需放样数据，实地放样平面位置和高程。单曲拱坝的放样比较简单，和双曲拱坝中放样一个拱圈的方法相同。

二、单曲拱坝的放样

单曲拱坝的放样常采用极坐标法。当测图控制点的精度和密度能满足放样要求时，可以直接依据这些控制点按测图坐标进行放样。若精度和密度都不够时，可按测图坐标重新布设，并在使用比较频繁的控制点上设置固定仪器的座架（仪器墩）。

图 6-2-1 所示为某水利枢纽工程的拦河大坝，系一拱坝，坝迎水面的半径为 243m，以 115°夹角组成一圆弧，弧长为 487.732m，分为 27 跨，按弧长编成桩号，从 0+13.268 至 5+01.000（加号前为百米）。施工坐标 XOY，以圆心 O 与 12、13 分跨线（桩号 2+40.000）为 X 轴，圆心 O 的施工坐标为（500.000，500.000）。

1. 放样点施工坐标计算

如图 6-2-2 所示，以放样点 a_3 为例，利用坐标正算的方法来计算 a_3 的坐标，首先需要算出坝轴线上的弧长和所对应的圆心角 φ_a，计算过程如下：

$$L = 240 - 190 - 0.5 = 49.5 \ (m)$$

$$\varphi_a = \frac{180°}{\pi} \cdot \frac{L}{R_1} = \frac{180°}{\pi} \times \frac{49.5}{243} = 11°40'17''$$

$$\Delta x = (R_3 - 0.5) \cdot \cos\varphi_a = (199.900 - 0.5) \times \cos 11°40'17'' = 195.277 (m)$$

$$\Delta y = (R_3 - 0.5) \cdot \sin\varphi_a = (199.900 - 0.5) \times \sin 11°40'17'' = 40.338 (m)$$

$$x_{a3} = x_0 + \Delta x = 500.000 + 195.277 = 695.277 (m)$$

$$y_{a3} = y_0 + \Delta y = 500.000 + 40.338 = 540.338(\text{m})$$

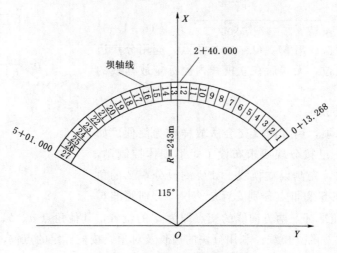

图 6-2-1　拱坝分跨示意图

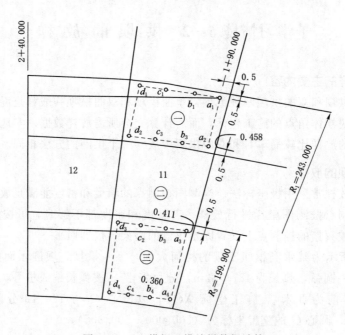

图 6-2-2　拱坝立模放样数据计算

按照此法，其余放样点均可求出。由于 a_i、d_i 位于径向放样线上，所以只有 a_1 与 d_1 至径向分块线的距离为 0.5m，其余各点到径向分块线的距离分别为 0.458m、0.411m 及 0.360m。

计算公式为

$$\frac{0.5}{R_1} \cdot R_i \quad (i=1,2,3,4)$$

可用此式结果进行校核。

2．放样点测设

计算出各放样点的坐标后，可以根据实际情况采用角度交会法或极坐标法将其测设到实地。目前广泛采用全站仪进行放样，方法简单且精度高。放样点测设完毕，应丈量放样点间的距离，比较是否与计算距离相等，以资校核。

三、双曲拱坝的放样

从投影到平面上的图形来看，双曲拱坝由不同圆心和不同半径的一些圆曲线组成，所有圆心都与拱顶位于同一直线上，这条直线称为拱顶中心线。双曲拱坝一般采取每隔 2m 或 3m 高度分层施工、分层放样，每一施工分层面要在上、下游边缘相隔 3～5m 各放样出一排点，作为施工的定位依据。用角度交会法放样的点位精度较高，比较灵活，受地形条件及施工干扰影响较少，在拱坝放样测量中应用比较广泛。

子学习情境 6-3 水 闸 的 放 样

一、水闸放样的主要内容

水闸是一种利用闸门挡水和泄水的低水头水工建筑物，一般由闸室、上游连接段和下游连接段三部分组成。闸室是水闸的主体，包括闸门、闸墩、边墩（岸墙）、底板、工作桥等。上、下游连接段包括翼墙、护坡、护坦、海漫等。

水闸的施工放样，如图 6-3-1 所示，包括测设水闸的主轴线 AB 和 CD、闸墩中线、闸孔中线、闸底板的范围以及各细部的平面位置和高程等。

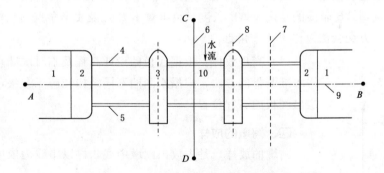

图 6-3-1 水闸平面位置示意图

1—坝体；2—侧墙；3—闸墩；4—检修闸门；5—工作闸门；6—水闸中线；
7—闸孔中线；8—闸墩中线；9—水闸中心轴线；10—闸室

二、水闸主要轴线的放样

（1）水闸主轴线由闸室中心线（横线）和河道中心线（纵线）两条相互垂直的轴线组成。从水闸设计图纸上量出两轴交点和各端点的坐标，并将施工坐标换算成测图坐标，根据临近控制点进行放样。

（2）如图 6-3-2 所示，精密测定 AB 的长度，并标定中点 O 的位置。在 O 点安置经纬仪，测设 AB 的垂线 CD。

（3）主轴线测定后，应在交点 O 点检测它们是否相互垂直，若误差超过 $10''$，应以闸室中心线为基准，重新测设一条与它垂直的直线作为纵向主轴线，其测设误差应小于 $10''$。

（4）主轴线测定后，将 AB 向两端延长至施工范围外（即 A'、B'），每端各埋设两个固定标志以表示方向。其目的是检查端点位置是否发生移动，并作为恢复端点位置的依据。

三、闸底板的放样

闸底板是闸室和上游、下游翼墙的基础。闸底板放样的目的是放样底板立模线的位置，以便装置模板进行浇筑。

（1）如图 6-3-2 所示，根据底板的设计尺寸，由主要轴线的交点 O 起，在 CD 轴线上，分别向上、下游各测设底板长度的一半，得 G、H 两点。

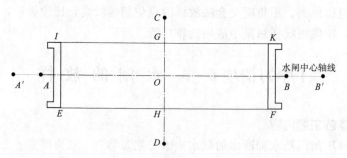

图 6-3-2　水闸放样的主要点线

（2）在 G、H 点上分别安置经纬仪，测设与 CD 轴线相垂直的两条方向线，两方向线分别与边墩中线的交点 E、F、I、K，即为闸底板的 4 个角点。

（3）如果量距较困难，可用 A、B 点作为控制点，同时假设 A 点坐标为一整数，根据闸底板 4 个角点到 AB 轴线的距离及 AB 长度，可推算出 B 点及 4 个角点的坐标，再反算出放样角度，用前方交会法放样出 4 个角点。

图 6-3-3　水闸平面位置示意图

（4）高程放样：根据底板的设计高程及临时水准点的高程，采用水准测量的方法，根据水闸的不同结构和施工方法，在闸墩上标志出底板的高程位置。

四、闸墩的放样

闸墩的放样，是先放出闸墩中线，再以中线为依据放样闸墩的轮廓线。

（1）放样前，由水闸的基础平面图，计算有关放样数据。如图 6-3-2 所示，根据计算出的放样数据，以水闸主要轴线 AB 和 CD 为依据，在现场定出闸孔中线、闸墩中线、闸墩基础开挖线、闸底板的边线等。

（2）待水闸基础打好混凝土垫层后，在垫层上精确地放出主要轴线和闸墩中线等，根据闸墩中线放出闸墩平面位置的轮廓线。闸墩平面位置轮廓线的放样包括：

①直线部分的放样：根据平面图上设计的尺寸，用直角坐标法放样；②曲线部分的放样：闸墩上游一般设计成椭圆曲线。

1）如图 6-3-3 所示，计算出曲线上相隔一定距离点（如 1、

2、3 等）的坐标，再计算出椭圆的对称中心点 P 至各点的放样数据 β_i 和 L_i。

2）根据点 T，测设距离 L 定出点 P，在 P 点安置全站仪，以 PT 方向为后视，用极坐标法放样 1、2、3 等点。同法放样出与 1、2、3 点对称的 $1'$、$2'$、$3'$ 点。

（3）闸墩各部位的高程放样，根据施工场地布设的临时水准点，按高程放样方法在模板内侧标出高程点。随着墩体的增高，可在墩体上测定一条高程为整米数的水平线，并用红油漆标出来，作为继续往上浇筑时量算高程的依据，也可用钢卷尺从已浇筑的混凝土高程点上直接丈量放样高程。

五、下游溢流面的放样

（1）如图 6 - 3 - 4 所示，采用局部坐标系，以闸室下游水平方向线为 x 轴，闸室底板下游高程为溢流面的原点（变坡点），通过原点的铅垂方向为 y 轴，即溢流面的起始线。

（2）沿 x 轴方向每隔 1～2m 选择一点，则抛物线上各相应点的高程为

$$H_i = H_0 - y_i \qquad (6 - 3 - 1)$$

$$y_i = 0.0006 x^2 \qquad (6 - 3 - 2)$$

式中：H_i 为点的设计高程；H_0 为下游溢流面的起始高程，可从设计的纵断面图上查得；y_i 为与 O 点相距水平距离为 x_i 的 y 值，即高差。

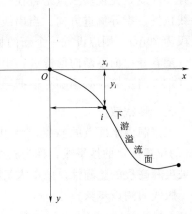

图 6 - 3 - 4　下游溢流面纵断面图

（3）在闸室下游两侧设置垂直的样板架，根据选定的水平距离，在两侧样板架上作一垂线。再用水准仪按放样已知高程点的方法，在各垂线上标出相应点的位置。

（4）连接各高程标志点，得设计的抛物面与样板架的交线，即抛物线。施工员根据抛物线安装模板，浇筑混凝土后即为下游溢流面。

子学习情境 6 - 4　隧 洞 的 放 样

一、隧洞放样的主要内容

隧道开挖中的基本放样测量工作包括指导隧道开挖的中线放样、指导坡度施工的腰线放样、确定开挖轮廓线的断面放样等。在隧道开挖施工过程中，根据洞内布设的地下导线点，经坐标推算确定隧道中心线方向上有关点位，以准确知道隧道的开挖方向，便于日常施工放样。

二、洞内中线放样

隧道洞内施工，是以中线为依据控制开挖方向来进行的。根据施工方法和施工顺序的不同，一般常用的有中线法和串线法。

1. 中线法

当隧道用全断面开挖法进行施工时，通常采用中线法。其方法为根据进行洞内隧道控制测量时布设导线点位的实际坐标和中线点的理论坐标，反算出距离和角度，利用极坐标法，

根据导线点测设出中线点。一般直线地段150～200m，曲线地段60～100m，应测设一个永久的中线点。随着开挖面向前推进，当已测设的中线点离开挖面越来越远时，需要将中线点向前延伸，埋设新的中线点。在直线上应采用正倒镜分中法延伸直线；曲线上则采用偏角法或弦线偏距法来测定中线点。用两种方法检测延伸的中线点时，其点位横向较差不得大于5mm，超限时应以相邻点来逐点检测至符合要求的点位，并向前重新定正中线。

2. 串线法

当隧道采用开挖导坑法施工时，可用串线法指导开挖方向。用串线法延伸中线时，首先设置三个临时中线点，两临时中线点的间距不小于5m。标定开挖方向时，可在这三个点上悬挂垂球线，先检验三点是否在一条直线上，如正确无误，可用肉眼瞄直，在工作面上给出中线位置，指导掘进方向。当串线延伸长度超过临时中线点的间距时（直线段为30m、曲线段为20m），则应设立一个新的临时中线点。

随着开挖面不断向前推进，中线点也随之向前延伸，地下导线也紧跟着向前敷设，为保证开挖方向正确，必须随时根据导线点来检查中线点，随时纠正开挖方向。

三、腰线放样

根据洞内水准点的高程，沿中线方向每隔5～10m，在洞壁上高出隧道底部设计地坪1m的位置标定的抄平线，称为腰线。腰线与洞底地坪的设计高程线是平行的，可以控制隧道坡度和高程的正确性。施工人员根据腰线可以很快地放样出坡度和各部位高程。

腰线的测设步骤：

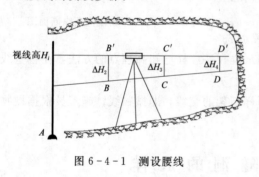

图6-4-1 测设腰线

（1）如图6-4-1，将水准仪安置在欲测设腰线的地方，后视洞内地下水准点A上水准尺读数a，得视线高程

$$H_i = H_A + a$$

在洞壁上每隔5～10m标出B'、C'、…处视线高程的位置。

（2）因为腰线点B、C、…的高程为它们的设计高程$H_{B设}$、$H_{C设}$、…加上1m，

即

$$H'_{B腰} = H_{B设} + 1 \quad H'_{C腰} = H_{C设} + 1$$

（3）求B、C、…点处视线高与$H'_{B腰}$、$H'_{C腰}$、…的差值

$$\Delta H_2 = H'_{B腰} - H_i$$

$$\Delta H_3 = H'_{C腰} - H_i$$

$$\vdots$$

若ΔH_i为正，则由视线高程处竖直向上量取ΔH_i，得腰线点；若ΔH_i为负，则由视线高程处竖直向下量取ΔH_i，得腰线点，BC连线称为腰线。

四、开挖断面放样

如图6-4-2所示，隧道断面放样测量，主要是对掌子面轮廓点的定位测量。由于隧道平面轴线有可能是曲线型的，隧道竖向也可能出现纵坡，隧道横向断面可能是圆形、椭圆形、城门洞形，或由多圆心组成，这就给测量放样带来了诸多不便，需要充分利用计算器与

全站仪的配合来完成。仅以城门洞形、平隧道为例。平面控制是以导线形式跟随隧道掘进速度逐步布设完成，导线的边长宜近似相等，直线段不宜短于200m，曲线段不宜短于50m，放样控制点距掌子面一般不大于50m。其放样方法为，安置仪器于控制点上，设置仪器选择极坐标放样法，后视隧道后方控制点，设站完成并校核无误后，即可对掌子面进行轮廓点测定，位置应沿成型的周边位置测定，并采集测点坐标数据输入预先编好程序的计算器中，通过计算器显示的数据判断该点是否位于轮廓线上，采用逐进法逐步完成准确位置。轮廓点宜均匀布置，轮廓线的特征点需要测定。当完成轮廓点放样后，应使用油漆将各点连线成形，转交现场施工人员。

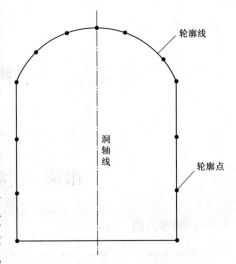

图6-4-2 隧道断面放样测量

附　　录

附录一　常用数学公式

一、初等几何

三角形面积　　　　　$S=\dfrac{1}{2}bh_b=\dfrac{1}{2}ab\sin C=\sqrt{s(s-a)(s-b)(s-c)}$

圆的面积　　　　　　　　　　$S=\dfrac{1}{2}\pi r^2=\dfrac{1}{4}\pi d^2$

圆的周长　　　　　　　　　　$C=\pi d=2\pi r$

圆弧的长度　　　　　　　　　$l=r\theta=\dfrac{\pi r\theta}{180}$

扇形面积　　　　　　　　　　$S=\dfrac{1}{2}rl=\dfrac{1}{2}r^2\theta$

二、三角函数

$$\sin\alpha=\frac{对边}{斜边}\quad \cos\alpha=\frac{邻边}{斜边}\quad \tan\alpha=\frac{对边}{邻边}$$

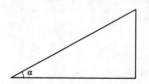

第一象限内

$$\sin\alpha=\frac{y}{r}\geqslant 0\quad \cos\alpha=\frac{x}{r}\geqslant 0\quad \tan\alpha=\frac{y}{x}=\frac{\sin\alpha}{\cos\alpha}\geqslant 0$$

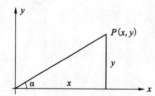

第二象限内

$$\sin\alpha=\frac{y}{r}\geqslant 0\quad \cos\alpha=\frac{x}{r}\leqslant 0\quad \tan\alpha=\frac{y}{x}=\frac{\sin\alpha}{\cos\alpha}\leqslant 0$$

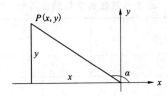

第三象限内

$$\sin\alpha=\frac{y}{r}\leqslant 0 \quad \cos\alpha=\frac{x}{r}\leqslant 0 \quad \tan\alpha=\frac{y}{x}=\frac{\sin\alpha}{\cos\alpha}\geqslant 0$$

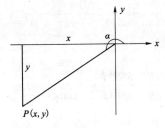

第四象限内

$$\sin\alpha=\frac{y}{r}\leqslant 0 \quad \cos\alpha=\frac{x}{r}\geqslant 0 \quad \tan\alpha=\frac{y}{x}=\frac{\sin\alpha}{\cos\alpha}\leqslant 0$$

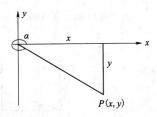

三、反三角函数

反正弦函数的主值范围 $\qquad -\dfrac{\pi}{2}\leqslant\arcsin x\leqslant\dfrac{\pi}{2}$

反余弦函数的主值范围 $\qquad 0\leqslant\arccos x\leqslant\pi$

反正切函数的主值范围 $\qquad -\dfrac{\pi}{2}\leqslant\arctan x\leqslant\dfrac{\pi}{2}$

正弦定理

$$\frac{a}{\sin A}=\frac{b}{\sin B}=\frac{c}{\sin C}$$

余弦定理

$$a^2=b^2+c^2-2bc\cos A$$

$$b^2=a^2+c^2-2ac\cos B$$

$$c^2=a^2+b^2-2ab\cos C$$

三角函数在各象限的正负号

象限 ＼ 函数	$\sin\alpha$	$\cos\alpha$	$\tan\alpha$
一	＋	＋	＋
二	＋	－	－
三	－	－	＋
四	－	＋	－

四、平面解析几何

两点之间的距离公式　$d=\sqrt{(x_1-x_2)^2+(y_1-y_2)^2}=\sqrt{\Delta x^2+\Delta y^2}$

极坐标与平面直角坐标的转换

$$\begin{cases} x=\rho\cos\phi \\ y=\rho\sin\phi \end{cases} \qquad \begin{cases} \rho^2=x^2+y^2 \\ \tan\phi=\dfrac{y}{x} \end{cases}$$

坐标变换

坐标平移　　　　$\begin{cases} x=X+h \\ y=Y+k \end{cases}$

坐标系旋转　　　$\begin{cases} x=X\cos\alpha-Y\sin\alpha \\ y=X\sin\alpha+Y\cos\alpha \end{cases}$

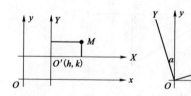

附录二　测量工作中常用的计量单位

测量工作中使用的单位以法定计量单位为准，常用的量有长度、面积、角度三种。我国过去使用的市制单位已经于 1990 年废止使用，为了对照了解，这里也予以列出。

一、长度单位

1m（米）＝10dm（分米）＝100cm（厘米）＝1000mm（毫米）

1km（千米）＝1000m（米）

1m＝3 市尺

1km＝2 市里

1 市里＝1500 市尺＝150 丈＝500m

二、面积单位

1km²（平方公里）＝1000000m²（平方米）＝100ha（公顷）

1ha（公顷）＝100a（公亩）＝10000m²＝15 市亩

1a（公亩）=100m² =0.15 市亩=900 平方市尺

1 市亩=6$\frac{2}{3}$a（公亩）=666.67m²（平方米）

1ha（公顷）=15 市亩=2.47 英亩

1 市亩=60 平方丈

三、角度单位

测量上常用的角度单位有度、分、秒和弧度两种。

（1）度是把圆周分成 360 等分，每等分所对的圆心角的大小称为 1 度（°）。

1 圆周角=360°

1°=60′（分）

1′=60″（秒）

有的国家采用冈（g），每圆周为 400g，每一直角为 100g，1g=100c（新分，厘冈），1c=100cg（新秒）；1g=0.9°=54′=3240″。

（2）弧度。圆周上等于半径的弧长所对的圆心角称为 1rad（弧度），以符号"ρ"表示。它和度、分、秒的关系如下：

$$1rad=\frac{180°}{\pi}=57.2958°\approx57.3°$$

$$1°=\frac{\pi}{180}rad\approx0.0174533rad$$

$$1rad(\rho')=\frac{180°}{\pi}\times60'=3437.75'\approx3438'$$

$$1rad(\rho'')=\frac{180°}{\pi}\times60'\times60''=206264.806''\approx206265''$$

四、时间单位

1 天（d）=24 小时（h）

1h=60 分（min）

1min=60 秒（s）

目前，许多英联邦国家还在使用英制长度单位和面积单位，在许多国际工程和国外施工的工程中常常会用到，这里简要介绍如下：

（1）长度单位。

1 英里（mile）=1.6093km=3.219 市里=0.868 海里

1 海里（nmile）=1852m（用于航海）

1 码（yard）=0.9144m

1 英尺（ft）=12 英寸（in）=0.3048m

1 英寸=25.4mm

（2）面积单位。

1 英亩（acre）=4840 平方码（sq yd）=4047m²

参 考 文 献

[1] 金荣耀，常玉奎. 建筑工程测量 [M]. 北京：清华大学出版社，2008.
[2] 崔有祯，辛星. 地形测量 [M]. 北京：测绘出版社，2010.
[3] 杜玉柱. 水利工程测量技术 [M]. 北京：中国水利水电出版社，2017.
[4] 陈兰兰. 水利工程测量 [M]. 北京：中国水利水电出版社，2017.